CÁLCULO EM QUADRINHOS

Blucher

CÁLCULO EM QUADRINHOS

Larry Gonick

Título original: The Cartoon Guide to Calculus
© 2012 by Larry Gonick
Publicado com a autorização da Harper Collins Publishers.

Cálculo em quadrinhos
© 2014 Editora Edgard Blücher Ltda.
5ª reimpressão – 2019

Blucher

Rua Pedroso Alvarenga, 1245, 4º andar
04531-934 – São Paulo – SP – Brasil
Tel.: 55 11 3078-5366
contato@blucher.com.br
www.blucher.com.br

Segundo o Novo Acordo Ortográfico, conforme 5. ed. do *Vocabulário Ortográfico da Língua Portuguesa*, Academia Brasileira de Letras, março de 2009.

É proibida a reprodução total ou parcial por quaisquer meios sem autorização escrita da editora.

Todos os direitos reservados pela Editora Edgard Blücher Ltda.

Dados Internacionais de Catalogação na Publicação (CIP)
Angélica Ilacqua CRB-8/7057

Gonick, Larry
 Cálculo em quadrinhos / Larry Gonick; tradução de Marcelo Alves. – São Paulo: Blucher, 2014.

 ISBN 978-85-212-0829-7
 Título original: The Cartoon Guide to Calculus

 1. Cálculo 2. História em quadrinhos I. Título

14-0326   CDD 515.1

Índices para catálogo sistemático:
 1. Cálculo

CONTEÚDO

AGRADECIMENTOS 6
CONDIÇÕES INICIAIS 8
CAPÍTULO -1 9
    VELOCIDADE ESCALAR, VELOCIDADE, MUDANÇA
CAPÍTULO 0 19
    APRESENTANDO AS FUNÇÕES
CAPÍTULO 1 61
    LIMITES
CAPÍTULO 2 85
    A DERIVADA
CAPÍTULO 3 109
    CADEIA, CADEIA, CADEIA
CAPÍTULO 4 125
    USANDO DERIVADAS, PARTE 1: TAXAS RELACIONADAS
CAPÍTULO 5 133
    USANDO DERIVADAS, PARTE 2: OTIMIZAÇÃO
CAPÍTULO 6 153
    ATUANDO LOCALMENTE
CAPÍTULO 7 163
    O TEOREMA DO VALOR MÉDIO
CAPÍTULO 8 169
    APRESENTANDO A INTEGRAL
CAPÍTULO 9 177
    PRIMITIVAS
CAPÍTULO 10 185
    A INTEGRAL DEFINIDA
CAPÍTULO 11 195
    FUNDAMENTALMENTE...
CAPÍTULO 12 203
    INTEGRAIS QUE MUDAM DE FORMA
CAPÍTULO 13 213
    USANDO INTEGRAIS
CAPÍTULO 14 237
    O QUE VEM DEPOIS?
ÍNDICE 241

AGRADECIMENTOS

O DEPARTAMENTO DE MATEMÁTICA DE HARVARD, EM OUTRA ÉPOCA, ENCHEU A CABEÇA DO AUTOR COM ESTE NEGÓCIO: JOHN TATE, MEU PRIMEIRO PROFESSOR DE CÁLCULO, LYNN LOOMIS, SHLOMO STERNBERG, RAOUL BOTT, DAVID MUMFORD, BARRY MAZUR, ANDREW GLEASON, LARS AHLFORS E GEORGE MACKEY, CUJO FILHO FUNDOU A CADEIA DE MERCADOS WHOLE FOODS, FONTE DE MUITO DO CHOCOLATE QUE ME ABASTECEU DURANTE A ESCRITA DESTE LIVRO. INDO PARA O MIT, VICTOR GUILLEMIN ORIENTOU A MINHA JAMAIS FINALIZADA TESE, E NAGISETTY RAO DO INSTITUTO TATA EM MUMBAI ME ENSINOU A APRECIAR A ANÁLISE "PÉ NO CHÃO" SEM MUITA ÁLGEBRA. MAIS RECENTEMENTE, UM CONJUNTO DE PESSOAS ME AJUDOU A PENSAR NOVAMENTE A RESPEITO DO CÁLCULO: JAMES MAGEE EXAMINOU COM CUIDADO OS PRIMEIROS CAPÍTULOS E FEZ COM QUE ME MANTIVESSE PRÓXIMO AO CURRÍCULO; ALGUMAS DISCUSSÕES VIGOROSAS COM DAVID MUMFORD ESCLARECERAM QUESTÕES SOBRE RIGOR E INTUIÇÃO; CRAIG BENHAM, ANDREW MOSS E MARK WHEELIS AGUENTARAM MEUS DISCURSOS SOBRE VELOCÍMETROS, EIXOS PARALELOS E VÁRIOS ASSUNTOS RELACIONADOS. AGRADEÇO A TODOS E, ESPECIALMENTE, ÀS PESSOAS QUE CRIARAM O FONTOGRAPHER, ESTE SOFTWARE MARAVILHOSO QUE TORNOU POSSÍVEL A COMPOSIÇÃO DO TEXTO MATEMÁTICO DE MODO "MANUSCRITO"!

PARA DAVID MUMFORD,

MENTOR, BENEMÉRITO E AMIGO

CONDIÇÕES INICIAIS

CAPÍTULO - 1
VELOCIDADE ESCALAR, VELOCIDADE, MUDANÇA

IDEIA BÁSICA Nº 1

CÁLCULO É A MATEMÁTICA DA MUDANÇA, E ESTA É MISTERIOSA. ALGUMAS COISAS CRESCEM IMPERCEPTIVELMENTE... OUTRAS NÃO... O CABELO CRESCE LENTAMENTE E É CORTADO SUBITAMENTE... TEMPERATURAS SOBEM E DESCEM... A FUMAÇA FORMA ROLOS NO AR... OS PLANETAS GIRAM NO ESPAÇO... E O TEMPO, O TEMPO NUNCA PARA...

ISAAC NEWTON E **GOTTFRIED LEIBNIZ** ENXERGARAM O PROBLEMA DESTA FORMA: AINDA QUE UMA BALA DE CANHÃO EM MOVIMENTO NÃO VÁ A LUGAR ALGUM EM DETERMINADO INSTANTE, AINDA HÁ **ALGO** QUE INDICA O MOVIMENTO.

ESTE ALGO É A **VELOCIDADE**, UM NÚMERO. VOCÊ PODE DIZER QUE TODO OBJETO CARREGA CONSIGO UM INDICADOR INVISÍVEL QUE MOSTRA A INTENSIDADE E A DIREÇÃO DE SUA VELOCIDADE EM TODOS OS INSTANTES.

AH, **AGORA** EU COMEÇO A ENXERGAR...

EM OUTRAS PALAVRAS, PODEMOS IMAGINAR QUE TODAS AS COISAS POSSUEM UMA ESPÉCIE DE **VELOCÍMETRO**, TAL COMO AQUELE DOS CARROS (EXCETO PELO FATO DE ESSE VELOCÍMETRO TAMBÉM INDICAR A DIREÇÃO).

PARA ENTENDER A DIFERENÇA ENTRE VELOCIDADE ESCALAR E VELOCIDADE VETORIAL, IMAGINE UM CARRO MOVENDO-SE PARA A FRENTE DURANTE UMA HORA A UMA RAZÃO CONSTANTE DE 50 KM/H. DEPOIS DÁ A VOLTA E RETORNA (NA "DIREÇÃO NEGATIVA") DURANTE MAIS UMA HORA NA MESMA VELOCIDADE.

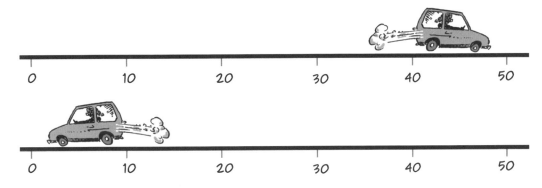

A **VELOCIDADE ESCALAR** É SEMPRE IGUAL A 50 KM/H E O CARRO PERCORRE A **DISTÂNCIA TOTAL** DE 100 KM; 50 KM INDO E 50 KM VOLTANDO. A DISTÂNCIA É A VELOCIDADE ESCALAR VEZES O TEMPO DESPENDIDO:

DISTÂNCIA TOTAL = VELOCIDADE ESCALAR · TEMPO DESPENDIDO

= (50 KM/H) · (2 H)
= 100 KM

A **VELOCIDADE ESCALAR MÉDIA** É A **DISTÂNCIA TOTAL** DIVIDIDA PELO TEMPO.

VELOCIDADE ESCALAR MÉDIA =

$$\frac{\text{DISTÂNCIA TOTAL}}{\text{TEMPO DESPENDIDO}}$$

$$= \frac{100 \text{ KM}}{2 \text{ H}} = \mathbf{50} \text{ KM/H}$$

MAS, EM TERMOS DE **VELOCIDADE**, O CARRO MOVE-SE A 50 KM/H DURANTE A PRIMEIRA HORA E A **-50** KM/H DURANTE A SEGUNDA HORA. A **MUDANÇA TOTAL DE POSIÇÃO É NULA** – O CARRO VOLTA AO PONTO DE PARTIDA!

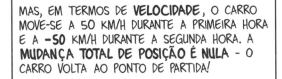

SUA **VELOCIDADE MÉDIA** É A **MUDANÇA DE POSIÇÃO** DIVIDIDA PELO TEMPO DESPENDIDO.

VELOCIDADE MÉDIA = $\frac{\text{MUDANÇA DE POSIÇÃO}}{\text{TEMPO DESPENDIDO}}$

NESTE CASO,

$v_M = \frac{0 \text{ KM}}{2 \text{ H}} = \mathbf{0}$ KM/H

EM SÍMBOLOS, SE t_1 E t_2 FOREM DOIS INSTANTES QUAISQUER E UM OBJETO ESTIVER NA POSIÇÃO s_1 NO INSTANTE t_1 E NA POSIÇÃO s_2 NO INSTANTE t_2, ENTÃO, A **VELOCIDADE MÉDIA** DO OBJETO NO INTERVALO ENTRE t_1 E t_2 É:

$$v_m = \frac{s_2 - s_1}{t_2 - t_1}$$

OU

$$s_2 - s_1 = v_m(t_2 - t_1)$$

AGORA NÓS PRECISAMOS DE UM MOTORISTA MELHOR — ALGUÉM QUE TENHA PÉS MAIS FIRMES. ASSIM, VAMOS COLOCAR MINHA AMIGA **DELTA Y** AO VOLANTE...

OI!

O QUE SIGNIFICA A INDICAÇÃO 100 KM/H NO VELOCÍMETRO DE DELTA? EM PRIMEIRO LUGAR, DEVE SIGNIFICAR QUE, CASO MANTENHA SUA VELOCIDADE **PERFEITAMENTE CONSTANTE**, ENTÃO, DEVERÁ FAZER 100 KM EM UMA HORA, CORRETO? (DELTA TEM UM RELÓGIO MONTADO NO TETO DO CARRO PARA FINS DE CLAREZA.)

SE EU PARTIR DAQUI AO MEIO-DIA...

EU CHEGO AQUI À UMA HORA!

E FARÍAMOS 200 KM EM 2 HORAS, 50 KM EM MEIA HORA, 100 T QUILÔMETROS EM T HORAS... UMA FÓRMULA QUE DEVERIA FUNCIONAR MESMO PARA **INTERVALOS CURTOS DE TEMPO**. A PERFEITOS E CONTÍNUOS 100 KM/H, DELTA DEVE FAZER 1 KM EM 1/100 DE HORA (36 SEGUNDOS), 0,1 KM EM 0,001 HORA (3,6 SEGUNDOS) E 0,001 KM, OU UM METRO, EM 0,00001 HORA, OU 0,036 SEGUNDO.

AH... É LÓGICO, EU ACHO...

$t_2 - t_1$ (HORAS)	$s_2 - s_1$ (QUILÔMETROS)
10	1000
9	900
5	500
1	100
0,5	50
0,1	10
0,01	1
0,001	0,1
0,0001	0,01
0,0000001	0,00001

ISTO SE A VELOCIDADE PERMANECER PERFEITAMENTE CONSTANTE... MAS, NO MUNDO REAL, A VELOCIDADE SE MODIFICA À MEDIDA QUE O CARRO DESACELERA E ACELERA. O QUE, ENTÃO, SIGNIFICA A LEITURA DO VELOCÍMETRO? (AGORA QUE ELA TAMBÉM ACRESCENTOU UM VELOCÍMETRO AO TETO DO CARRO.)

A RESPOSTA É UM POUCO SUTIL: VOCÊ CERTAMENTE PERCEBEU QUE, **POR UM PERÍODO DE TEMPO MUITO CURTO**, A INDICAÇÃO DO VELOCÍMETRO **NÃO MUDA MUITO**. MESMO SE VOCÊ PISAR FUNDO, v SERÁ APROXIMADAMENTE CONSTANTE POR UM PERÍODO DE TEMPO DE, DIGAMOS, 1/500 SEGUNDOS. UMA FOTO TIRADA COM TEMPO DE EXPOSIÇÃO CURTO MOSTRARÁ UMA IMAGEM DO VELOCÍMETRO COM VIRTUALMENTE NENHUM BORRÃO.

O QUE É UMA FOTO?

ESTA FOI A IDEIA BÁSICA DE NEWTON E LEIBNIZ

IDEIA BÁSICA:
CALCULE A RAZÃO $(s_2-s_1)/(t_2-t_1)$ PARA UM **INTERVALO DE TEMPO MUITO CURTO**. PARA TODOS OS EFEITOS, ESTA RAZÃO É A VELOCIDADE NO INSTANTE t_1 (E, TAMBÉM, NO INSTANTE t_2, POIS SÃO MUITO PRÓXIMOS!)

DIZENDO DE OUTRO MODO, A **VELOCIDADE INSTANTÂNEA** DE UM CORPO É DADA **APROXIMADAMENTE** POR $(s_2 - s_1)/(t_2 - t_1)$ **QUANDO A DIFERENÇA** $t_2 - t_1$ **FOR PEQUENA**. (VOCÊ PODE QUERER SABER COMO NEWTON E LEIBNIZ PENSARAM COMO REALMENTE PODERIAM MEDIR UMA MUDANÇA DE POSIÇÃO DURANTE UM INTERVALO DE, DIGAMOS, 0,00001 SEGUNDO. MAS ISSO NÃO IMPORTA!)

MAS NEWTON E LEIBNIZ QUERIAM MAIS QUE UMA APROXIMAÇÃO: DESEJAVAM O **VALOR EXATO** DA VELOCIDADE... E MAIS AINDA, MOSTRARAM COMO OBTÊ-LO! ESQUEÇA A MEDIÇÃO: ELES USARAM **MATEMÁTICA**, UM TIPO NOVO DE MATEMÁTICA QUE ELES INVENTARAM ESPECIALMENTE PARA ESTE PROPÓSITO.

SE A **POSIÇÃO** DE UM CORPO DEPENDER DO TEMPO CONFORME UMA DADA FÓRMULA, ENTÃO, O CÁLCULO GERA UMA FÓRMULA NOVA E EXATA PARA A **VELOCIDADE** A QUALQUER INSTANTE.

ISTO PARECIA TÃO MÁGICO QUE MUITAS PESSOAS ACHARAM SUSPEITO... ESQUISITO... BASEADO EM HIPÓTESES ESTRANHAS E SEM FUNDAMENTO... DE ALGUM MODO... ERRADO...

VOCÊ ESTÁ **QUASE** DIVIDINDO POR ZERO!

(A ABORDAGEM DE LEIBNIZ PARECIA AINDA MAIS SUSPEITA: ELE FICAVA SATISFEITO EM DIVIDIR UMA COISA POR OUTRA NÃO SOMENTE QUANDO AS QUANTIDADES FOSSEM PEQUENAS, MAS, TAMBÉM, QUANDO FOSSEM "INFINITAMENTE PEQUENAS", MAS NÃO IGUAIS A ZERO, O QUE QUER QUE ISTO SIGNIFIQUE.)

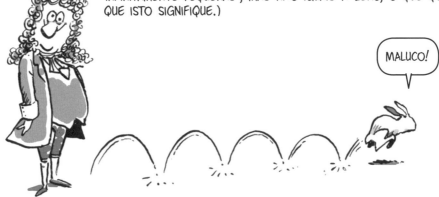

MALUCO!

COM FUNDAMENTOS SUSPEITOS OU NÃO, O CÁLCULO FUNCIONAVA, E FUNCIONAVA PERFEITAMENTE. ERA ASSUSTADORAMENTE EFICAZ. PRODUZIA RESULTADOS!

MUITA GENTE USOU O CÁLCULO... NÃO APENAS PARA ENCONTRAR VELOCIDADES, MAS A TAXA DE VARIAÇÃO DE TODO TIPO DE QUANTIDADES FLUTUANTES. O CÁLCULO É USADO EM TODO LUGAR!

EVENTUALMENTE, ATÉ CORRIGIRIAM OS FUNDAMENTOS, MAIS OU MENOS... INFELIZMENTE, NÃO TEMOS ESPAÇO PARA EXPLICAR DE MODO COMPLETO COMO ISSO FOI FEITO OU PARA DESCREVER ALGUNS DOS PROBLEMAS CRIADOS PELO CÁLCULO... VAMOS APENAS DIZER QUE ALGUMAS DAS SUTILEZAS ESTABELECIDAS POR ZENÃO AINDA PERMANECEM COMO UM DESAFIO ATÉ OS DIAS ATUAIS...

CAPÍTULO 0
APRESENTANDO AS FUNÇÕES

NO QUAL APRENDEREMOS ALGO SOBRE RELACIONAMENTOS

COMEÇAMOS COM UMA DAS IDEIAS MAIS BELAS E FECUNDAS DA MATEMÁTICA MODERNA: A **FUNÇÃO**. TUDO NESTE LIVRO SERÁ SOBRE FUNÇÕES. ASSIM... O QUE É UMA FUNÇÃO?

UMA FUNÇÃO É UMA ESPÉCIE DE **CAIXA-PRETA COM ENTRADA E SAÍDA** OU UM **PROCESSADOR DE NÚMEROS**. UMA FUNÇÃO (DENOMINAMOS f) ENGOLE E EXPELE NÚMEROS DE MODO ESPECÍFICO. PARA CADA NÚMERO ENGOLIDO (DENOMINAMOS x), f EXPELE UM NÚMERO ÚNICO, SINGULAR, $f(x)$, PRONUNCIADO "EFE DE XIS". f É COMO UMA REGRA QUE TRANSFORMA x EM $f(x)$. ENTRA x, SAI $f(x)$.

SE VOCÊ NÃO GOSTA QUE O EXPELIDO FIQUE VAGANDO PELO AR COMO GÁS DO PÂNTANO, ENTÃO, PENSE NOS NÚMEROS COMO SE ELES ESTIVESSEM DISPOSTOS NUMA LINHA RETA. NESTE CASO, VOCÊ PODE IMAGINAR UMA FUNÇÃO f ENGOLINDO NÚMEROS DE UMA LINHA E MERAMENTE **APONTANDO** PARA OS VALORES CORRESPONDENTES DE SAÍDA NUMA OUTRA LINHA.

POR EXEMPLO, A POSIÇÃO s DE UM CARRO É UMA FUNÇÃO DO TEMPO t. VOCÊ PODE PENSAR EM s COMO LENDO O TEMPO (OU ENGOLINDO ESTE COMO ENTRADA) DE UMA LINHA E APONTANDO PARA A POSIÇÃO s(t) DO CARRO NUMA PISTA.

MAIS EXEMPLOS:

A PRESSÃO ATMOSFÉRICA DEPENDE DA ALTITUDE: PARA CADA ALTITUDE A, EXISTE UMA PRESSÃO DEFINIDA P(A). A FUNÇÃO P ENGOLE ALTITUDE E EXPELE PRESSÃO.

À MEDIDA QUE UM BALÃO ESFÉRICO É INFLADO, SEU VOLUME É FUNÇÃO DO RAIO. CADA RAIO r DETERMINA UM VOLUME ÚNICO V(r).

NUMA TRILHA RETA DE MONTANHA, A ALTITUDE É FUNÇÃO DA POSIÇÃO AO LONGO DA TRILHA. CADA POSIÇÃO x CORRESPONDE A UMA ÚNICA ALTITUDE A(x).

NO EXEMPLO DO BALÃO ESFÉRICO, O VOLUME V FOI CALCULADO A PARTIR DO RAIO r POR MEIO DE UMA **FÓRMULA**:

$$V(r) = \frac{4\pi r^3}{3}$$

PARA ENCONTRAR O VOLUME ASSOCIADO A DETERMINADO RAIO, DIGAMOS, $r = 10$, NÓS ENTRAMOS COM ESSE NÚMERO NO LUGAR DE r:

$$V(10) = \frac{4\pi(10)^3}{3} = \frac{4000}{3}\pi$$

$$\approx 4.188,79...$$

(O SINAL "$\approx$" SIGNIFICA "APROXIMADAMENTE IGUAL A".)

IMPORTANTE: AS LETRAS QUE ASSOCIAMOS À FUNÇÃO E À VARIÁVEL NÃO IMPORTAM! AQUI ESTÃO TRÊS FÓRMULAS QUE DEFINEM, TODAS ELAS, A MESMA FUNÇÃO, POIS PRODUZEM O MESMO RESULTADO PARA UMA DADA ENTRADA. TODAS DESCREVEM A MESMA REGRA.

$$V(r) = \frac{4\pi r^3}{3}$$

$$f(t) = \frac{4\pi t^3}{3}$$

$$g(u) = \frac{4\pi u^3}{3}$$

AQUI ESTÁ UM EXEMPLO UM POUCO MAIS COMPLICADO. SUPONHA QUE h É DADA POR ESTA FÓRMULA:

$$h(x) = \sqrt{x^2 - 1}$$

NÓS CALCULAMOS ALGUNS VALORES...

$h(1) = \sqrt{1^2 - 1} = 0$

$h(2) = \sqrt{2^2 - 1} = \sqrt{3}$

$h(\sqrt{5}) = \sqrt{5 - 1} = 2$

ETC...

E COMPILAMOS UMA PEQUENA TABELA. ESTÁ CHEIA DE BURACOS, MAS VOCÊ PODE COMPLETAR COM MUITOS DOS VALORES FALTANTES... EXCETO...

x	$h(x)$
-3	$\sqrt{8}$
-2,9	$\sqrt{7,41}$
-2,8	$\sqrt{6,84}$
-2	$\sqrt{3}$
-1	0
1	0
2	$\sqrt{3}$
$\sqrt{5}$	2
3	$\sqrt{8}$

ETC...

QUANDO x ESTÁ ENTRE -1 E 1, A EXPRESSÃO NO INTERIOR DA RAIZ TEM SINAL NEGATIVO: $x^2 - 1 < 0$. NESTE CASO, $h(x)$ É **INDEFINIDA**, PORQUE NÚMEROS NEGATIVOS NÃO POSSUEM RAIZ QUADRADA (REAL). TODA ENTRADA ACEITA POR h DEVE TER UM VALOR OU ≥ 1 OU ≤ 1. NENHUM OUTRO É PERMITIDO!

DADA UMA FUNÇÃO QUALQUER, SEU **DOMÍNIO** É O CONJUNTO DE TODOS OS VALORES EM QUE A FUNÇÃO É DEFINIDA. UMA FUNÇÃO f SOMENTE ACEITARÁ ENTRADAS QUE ESTIVEREM NO SEU DOMÍNIO.

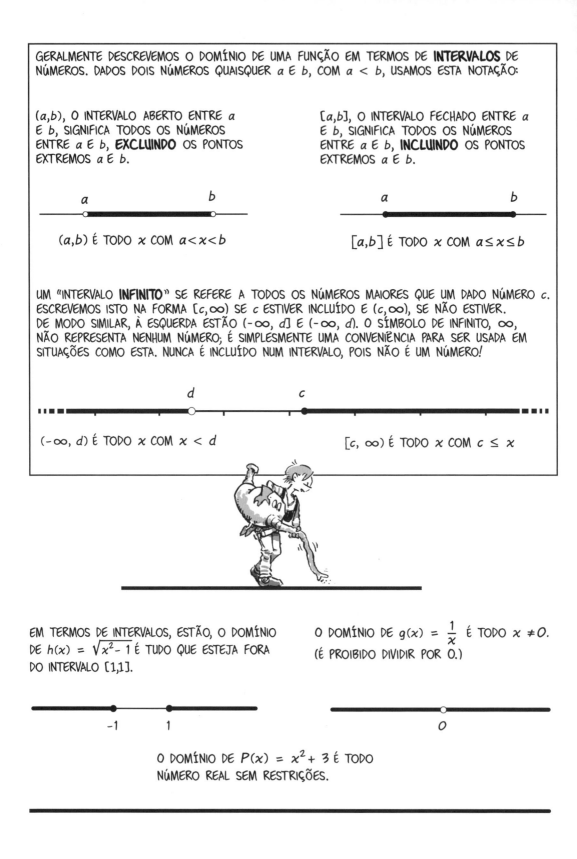

AGORA, VOLTEMOS À NOSSA IMAGEM DE UMA FUNÇÃO RECOLHENDO ENTRADAS DE UMA LINHA DE NÚMEROS E APONTANDO PARA SAÍDAS NUMA OUTRA LINHA DE NÚMEROS.

SE QUISERMOS, PODEMOS FAZER COM QUE O CORPO DO PERSONAGEM DA FUNÇÃO DESAPAREÇA E NOS CONCENTRAMOS NO ATO DE **APONTAR**.

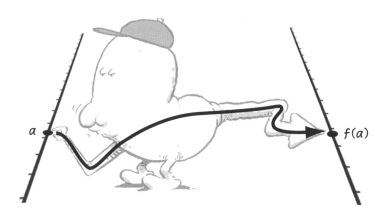

NESTE PONTO DE VISTA, UMA FUNÇÃO É SIMPLESMENTE UMA **COLEÇÃO DE SETAS** APONTANDO DE UMA LINHA DE NÚMEROS À OUTRA. UMA LINHA ÚNICA SAI DE CADA x DO DOMÍNIO DE f E APONTA PARA O VALOR DE $f(x)$.

ESTA É A **SUA** ESSÊNCIA!

AGORA VAMOS BRINCAR COM ESTAS SETAS.

QUANDO A PRIMEIRA LINHA, OU **EIXO**, É VIRADA DE LADO PODEMOS ENXERGAR A FUNÇÃO COMO UM **GRÁFICO**. AS ENTRADAS x ESTÃO NO EIXO HORIZONTAL, AS SAÍDAS y NO EIXO VERTICAL E ACIMA (OU ABAIXO) DE QUALQUER PONTO a NO EIXO x DESENHAMOS UM PONTO $(a, f(a))$, COM A COORDENADA y IGUAL AO VALOR DA FUNÇÃO f EM a.

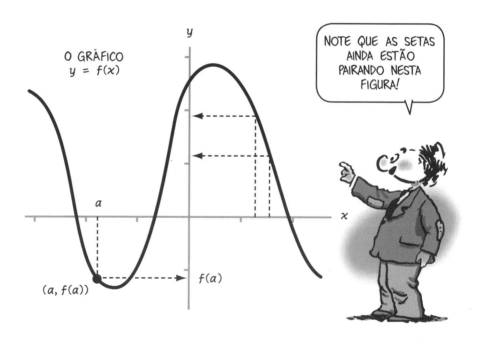

A CURVA CONSISTE EM TODOS OS PONTOS (x, y) COM $y = f(x)$. UMA FRASE QUE ABREVIAMOS AO DIZER "O **GRÁFICO** DE $y = f(x)$".

AQUI ESTÃO ALGUNS EXEMPLOS:

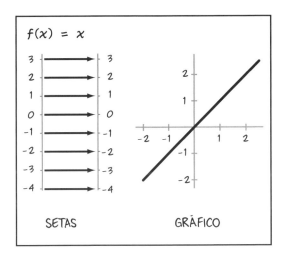

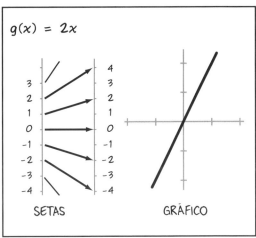

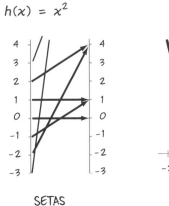

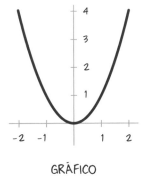

$F(x)$ = MAIOR INTEIRO $\leq x$, ÀS VEZES ESCRITO $[x]$. (ASSIM, $[5] = 5$, $[5,7] = 5$, $[-1,6] = -2$, $[-0,3] = -1$ ETC.)

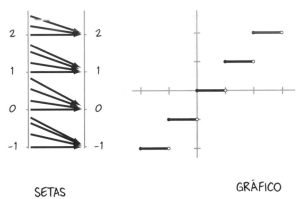

SOMAR, MULTIPLICAR, DIVIDIR

AS FUNÇÕES PODEM SER COMBINADAS DE VÁRIOS MODOS, DA MESMA FORMA QUE OS NÚMEROS. SE f E g POSSUEM DOMÍNIOS QUE SE SOBREPÕEM, NÓS PODEMOS SOMAR, MULTIPLICAR E DIVIDIR AS FUNÇÕES TODA VEZ EM QUE AMBAS FOREM DEFINIDAS. ISTO PRODUZ NOVAS FUNÇÕES, $f + g$, fg E f/g (DESDE QUE TENHAMOS O CUIDADO DE NUNCA DIVIDIR POR ZERO).

$(f + g)(x) = f(x) + g(x)$

$(fg)(x) = f(x)g(x)$

$(f/g)(x) = f(x)/g(x)$ EXCETO EM $g(x) = 0$.

O GRÁFICO DE $f + g$ PODE SER FEITO A PARTIR DOS GRÁFICOS DE f E g, SOMANDO-SE AS COORDENADAS y PARA CADA PONTO x NO DOMÍNIO COMUM.

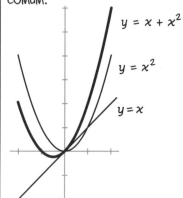

A DIFERENÇA ENTRE DUAS FUNÇÕES PODE SER VISUALIZADA COMO A DISTÂNCIA ENTRE OS DOIS GRÁFICOS.

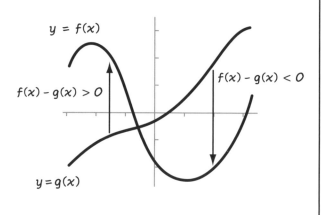

EM GERAL, OS GRÁFICOS DO PRODUTO fg E DO QUOCIENTE f/g NÃO SÃO TÃO FACILMENTE VISUALIZADOS EM TERMOS DE f E g. GERALMENTE, PRECISAM SER CALCULADOS PONTO A PONTO.

AS FUNÇÕES ELEMENTARES

AGORA QUE VIMOS ALGUMAS IDEIAS BÁSICAS SOBRE FUNÇÕES, VAMOS REVER ALGUNS EXEMPLOS COMUNS, FUNÇÕES ÀS QUAIS FAREMOS REFERÊNCIA NO RESTANTE DESTE LIVRO.

ESTAS FUNÇÕES SÃO CHAMADAS **ELEMENTARES**, PORQUE, ASSIM COMO OS ELEMENTOS QUÍMICOS, PODEM SER COMBINADAS DE INFINITAS MANEIRAS...

FUNÇÃO MÓDULO

O CÁLCULO É BASEADO EM APROXIMAÇÕES, E A **FUNÇÃO MÓDULO** MEDE O QUANTO UM NÚMERO SE APROXIMA DO OUTRO.

O MÓDULO DE x, ESCRITO NA FORMA $|x|$, É DEFINIDO POR

$|x| = x$ SE $x \geq 0$

$|x| = -x$ SE $x \leq 0$

ESTA FUNÇÃO NUNCA ASSUME VALORES NEGATIVOS E $|a| = |-a|$ PARA QUALQUER NÚMERO a.

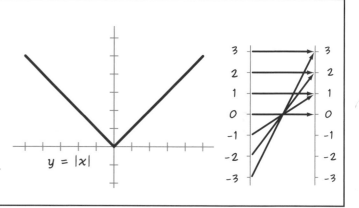

VOCÊ PODE ENTENDER $|a|$ COMO SENDO A **DISTÂNCIA** (ABSOLUTA, POSITIVA) DE a ATÉ O NUMA LINHA DE NÚMEROS E $|a - b| = |b - a|$ COMO SENDO A **DISTÂNCIA ENTRE** a E b.

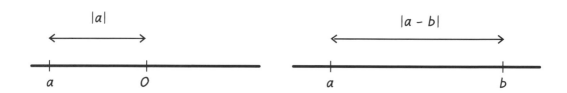

SE c FOR UM NÚMERO QUALQUER E $r > 0$, ENTÃO, TODOS OS NÚMEROS x COM $|x - c| \leq r$ FORMAM UM INTERVALO CENTRADO EM c E COM "RAIO" (MEIO COMPRIMENTO) r.

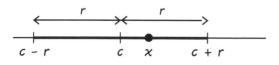

$|x - c| \leq r$

NÃO É DIFÍCIL VER QUE PARA QUAISQUER DOIS NÚMEROS a E b,

$$|a + b| \leq |a| + |b|$$

DE ONDE, AO SUBSTITUIR $b = c - a$, OBTEMOS

$$|c - a| \geq |c| - |a|$$

PARA QUAISQUER DOIS NÚMEROS a E c.

CONSTANTES

SE C FOR UM NÚMERO FIXO, ENTÃO HÁ UMA FUNÇÃO f MUITO SIMPLES DEFINIDA POR $f(x) = C$ PARA TODO x. VOCÊ PODE DIZER QUE NÃO HÁ NADA DE MAIS NESSA FUNÇÃO, MAS É UMA FUNÇÃO! SEU GRÁFICO É A LINHA HORIZONTAL $y = C$. TODAS AS SETAS APONTAM PARA O MESMO NÚMERO.

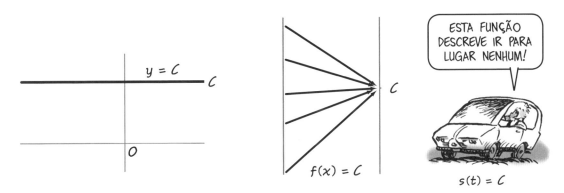

FUNÇÕES POTÊNCIAS

ESTAS SÃO AS FUNÇÕES COM FÓRMULA $x, x^2, x^3, ..., x^{17}, ... x^n$... EM QUE n É UM INTEIRO POSITIVO. QUANDO n FOR **PAR** ESTAS FUNÇÕES POSSUEM GRÁFICOS EM FORMATO DE TIGELA, POIS $(-x)^n = x^n$. ENTRADAS POSITIVAS E NEGATIVAS LEVAM AO MESMO LUGAR. SE n FOR **ÍMPAR**, ENTÃO, $(-x)^n = -(x^n)$, E OS GRÁFICOS SE VIRAM PARA BAIXO, À ESQUERDA DO EIXO VERTICAL.

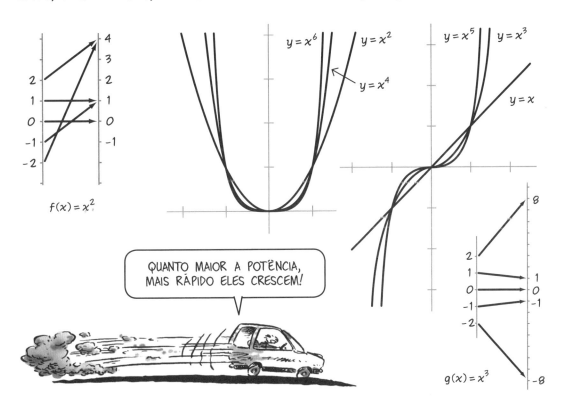

POLINÔMIOS

SOMAMOS CONSTANTES E MÚLTIPLOS DE FUNÇÕES POTÊNCIAS PARA FAZER **POLINÔMIOS**, QUE POSSUEM FÓRMULAS COMO $2x^2 + x + 41$ OU $x^{15} - x^{14} - 9x$. OS FATORES CONSTANTES SÃO CHAMADOS **COEFICIENTES** DO POLINÔMIO, E A POTÊNCIA MAIS ELEVADA DE x, COM COEFICIENTE NÃO NULO, É CHAMADA **GRAU** DO POLINÔMIO.

$P(x) = 7x^{10} + 395x^4 + x^3 + 11$ TEM GRAU 10.

$Q(x) = -x + 9$ TEM GRAU 1

A ÁLGEBRA NOS ENSINA QUE UM POLINÔMIO P DE GRAU n NÃO TEM MAIS DO QUE n **RAÍZES**, OU SEJA, OS NÚMEROS $x_1, x_2, \ldots x_m$, EM QUE $P(x_i) = 0$.

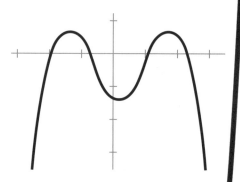

ISTO SIGNIFICA QUE O GRÁFICO DE UM POLINÔMIO DE GRAU n NÃO CRUZA O EIXO x MAIS DO QUE n VEZES. DE FATO, VEREMOS QUE O GRÁFICO TEM, NO MÁXIMO, $n - 1$ VOLTAS EM QUE ELE MUDA DE ASCENDENTE PARA DESCENDENTE OU VICE-VERSA.

NÓS TAMBÉM VEREMOS QUE O GRÁFICO DE UM POLINÔMIO QUALQUER VAI PARA O INFINITO (SEJA POSITIVO OU NEGATIVO) À MEDIDA QUE SEGUE SEM LIMITES À ESQUERDA OU À DIREITA NO EIXO x.

"PARA" O INFINITO?

BEM, DE QUALQUER FORMA, PARA LONGE DE QUALQUER COISA.

POTÊNCIAS NEGATIVAS

ESTAS SÃO AS FUNÇÕES

$$f(x) = \frac{1}{x^n}, \text{ ONDE } n = 1, 2, 3, \ldots$$

TAMBÉM ESCRITAS COMO

$$f(x) = x^{-n}$$

FUNÇÕES DE POTÊNCIAS NEGATIVAS SÃO DEFINIDAS PARA TODO $x \neq 0$, E, COMO AS POTÊNCIAS POSITIVAS, SEUS GRÁFICOS DIFEREM DEPENDENDO DE n SER ÍMPAR OU PAR.

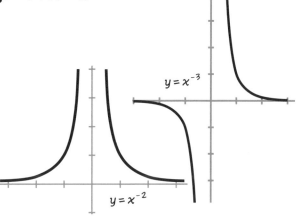

POTÊNCIAS FRACIONÁRIAS

SE n FOR UM INTEIRO POSITIVO, $x^{\frac{1}{n}}$ CORRESPONDE À N-ÉSIMA RAIZ DE x, $\sqrt[n]{x}$. A NOTAÇÃO FRACIONÁRIA É USADA PARA FAZER ESTA FÓRMULA FUNCIONAR:

$$(x^{\frac{1}{n}})^n = x^{\frac{1}{n} \cdot n} = x$$

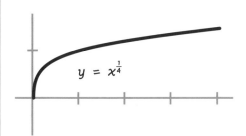

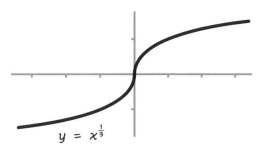

n PAR: O DOMÍNIO DE $x^{\frac{1}{n}}$ É TODO $x \geq 0$.

n ÍMPAR: O DOMÍNIO DE $x^{\frac{1}{n}}$ É COMPOSTO POR TODOS OS NÚMEROS REAIS.

TAMBÉM PODE HAVER POTÊNCIAS FRACIONÁRIAS NEGATIVAS.

VOCÊ É TÃO BOM QUANTO QUALQUER OUTRO NÚMERO...

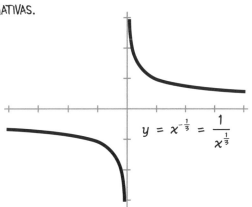

FUNÇÕES RACIONAIS

ESTAS SÃO FUNÇÕES DADAS POR RAZÕES **RACIONAIS** ENTRE POLINÔMIOS

$$R(x) = \frac{P(x)}{Q(x)}$$

SÃO DEFINIDAS SEMPRE QUE $Q(x) \neq 0$. POR EXEMPLO,

$$R(x) = \frac{3x^2 + 9x + 1}{x^3 + 16}, \quad x \neq \sqrt[3]{-16}$$

$$T(x) = \frac{x}{x^2 - 1}, \quad x \neq \pm 1$$

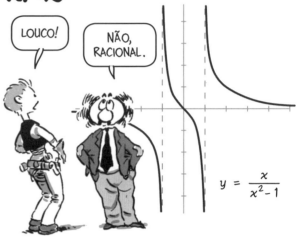

NÓS TEMOS TRÊS COISAS A DIZER SOBRE FUNÇÕES RACIONAIS. A PRIMEIRA É QUE VOCÊS PODEM PULAR ESTA PARTE E IR PARA A PÁGINA 37 SE QUISEREM...

A SEGUNDA É QUE PODEMOS ADMITIR QUE P TEM GRAU MENOR QUE Q. SE NÃO FOR ASSIM, PODEMOS FAZER UMA **FATORAÇÃO DE POLINÔMIOS*** DE MODO A FAZER COM QUE P/Q FIQUE NA FORMA

$$P_1(x) + \frac{R(x)}{Q(x)}$$

ONDE P_1 É UM POLINÔMIO E R, O RESTO, É UM POLINÔMIO DE GRAU MENOR QUE O DE Q.

---

* SE VOCÊ NUNCA FEZ A FATORAÇÃO DE POLINÔMIOS, ELA É PARECIDA COM A FATORAÇÃO DE NÚMEROS, SÓ QUE MAIS FÁCIL. PROCURE POR AÍ, VOCÊ VAI GOSTAR!

A TERCEIRA É QUE QUALQUER FUNÇÃO RACIONAL PODE SER ESCRITA COMO UMA **SOMA** DE "FRAÇÕES PARCIAIS" MAIS SIMPLES DESTES DOIS TIPOS:

$$\frac{a}{(x+p)^n} \quad \text{OU} \quad \frac{bx+c}{(x^2+qx+r)^m},$$

ONDE a, b, c, p, q E r SÃO CONSTANTES E n E m SÃO INTEIROS POSITIVOS. EM OUTRAS PALAVRAS, OS DENOMINADORES SÃO POTÊNCIAS DE POLINÔMIOS DE PRIMEIRO OU SEGUNDO GRAU.

ENCONTRAR ESSAS CONSTANTES PODE SER COMPLICADO NA PRÁTICA — PARA COMEÇAR, VOCÊ TERIA DE FATORAR $Q(x)$ —, MAS AQUI HÁ DOIS EXEMPLOS PARA MOSTRAR COMO FUNCIONA.

EXEMPLO: SUPONHA

$$F(x) = \frac{x}{(x-1)^2}$$

PRIMEIRO, ESCREVA-A COMO

$$\left(\frac{x}{x-1}\right)\left(\frac{1}{x-1}\right)$$

O PRIMEIRO TERMO PODE SER REDUZIDO POR FATORAÇÃO A:

$$\left(\frac{x}{x-1}\right) = \frac{1}{x-1} + 1$$

SUBSTITUINDO ISTO NA EXPRESSÃO ANTERIOR E EXPANDINDO, OBTÉM-SE:

$$\left(\frac{1}{x-1} + 1\right)\left(\frac{1}{x-1}\right) = \frac{1}{(x-1)^2} + \frac{1}{x-1}$$

COMO PROMETIDO — NADA ALÉM DE CONSTANTES NOS NUMERADORES DAS FRAÇÕES COM DENOMINADORES NA FORMA DE $(x+p)^n$.

EXEMPLO:

$$R(x) = \frac{-2x^2 + 7x - 3}{x^3 + 1}$$

O PRIMEIRO PASSO É SEMPRE FATORAR O DENOMINADOR. LEMBRE-SE DA ÁLGEBRA:

$$x^3 + 1 = (x + 1)(x^2 - x + 1).$$

AGORA, ADMITINDO QUE HAJA UMA RESPOSTA.

SEMPRE UMA BOA IDEIA EM ÁLGEBRA!

SERIA PARECIDO COM ISTO:

$$\frac{-2x^2 + 7x - 3}{x^3 + 1} = \frac{Ax + B}{(x^2 - x + 1)} + \frac{C}{x + 1}$$

GOSTARÍAMOS DE ENCONTRAR A, B, E C. COMBINANDO AS FRAÇÕES NA DIREITA, ENCONTRA-SE ESTE NUMERADOR:

$$(A + C)x^2 + (A + B - C)x + (B + C)$$

SENDO ESTE IGUAL AO NUMERADOR DA FRAÇÃO ORIGINAL, DEVEMOS TER

$$A + C = -2$$
$$A + B - C = 7$$
$$B + C = -3$$

ESTAS SÃO TRÊS EQUAÇÕES COM TRÊS INCÓGNITAS. NÓS USAMOS A ÁLGEBRA E ENCONTRAMOS...

$$A = 2, B = 1, E\ C = -4, \text{ASSIM:}$$

$$R(x) = \frac{2x + 1}{x^2 - x + 1} + \frac{-4}{x + 1}$$

VOCÊ PODE VERIFICAR A RESPOSTA SOMANDO ESTAS FRAÇÕES, E O RESULTADO DEVE SER A FUNÇÃO ORIGINAL.

UFA!

E, AGORA, ALGO QUE VOCÊ NÃO VAI QUERER PERDER... DESTA PRÓXIMA FUNÇÃO VOCÊ REALMENTE VAI GOSTAR.

FUNÇÕES EXPONENCIAIS

FUNÇÕES EXPONENCIAIS SÃO DADAS POR FÓRMULAS COMO ESTA:

$$f(x) = a^x$$

AQUI A "BASE" a É FIXA E O EXPOENTE x VARIA. POR CONVENÇÃO, ADMITIMOS $a > 1$. ESSAS FUNÇÕES DESCREVEM CERTOS TIPOS DE CRESCIMENTO (CRESCIMENTO POPULACIONAL, POR EXEMPLO).

NÃO SE DEPENDER DE MIM! NÓS TEREMOS COZIDO DE COELHO ESTA NOITE...

ENTRE TODAS AS BASES a, OS MATEMÁTICOS DESTACAM UMA COMO ESPECIALMENTE "NATURAL". ESTE NÚMERO, CONHECIDO COMO e, TEM FORMA DECIMAL QUE COMEÇA COMO:

2,7182818284590452353602874713526624977572470936999595749669676277240766303535475945713821785251664274274663919320030599218174135966290435729003342952605956307381323286279434907632338298807531952510190115738341879307021540891499348841675092447614606680822648001684774118537423454424371075390777449920695517027618386062613313845830007520449338265602976067371132007093287091274437470472306969772093101416928368190255151086574637721112523897844250569536967707854499699679468644549059879316368892300987931277361782154249992297563514822082698951936680331825288693984964651058209392398294887933203625094431173012381970684161403970198376793206832823764648042953118023287825098194558153017567173613320698112509961818815930416903515988885193458072738667385894228792284998920868058257492796104841984443634632449684875602336248270419786232090021609902353043699418491463140934317381436405462531520961836908887070167683964243781405927145635490613031072085103837505101157477041718986106873 468895703 503540212340784981933432106817012100562788023519303 53904730 41995777709350366041699732972508868769664035557071624 07988265 17871341951246652010305921236677194325278675398558944896970964097545 91856956380236370162112047742728364896134225164450789 1824423529486363721417402388934412479635743702637552944483379980161254922785092577825620926226483262779333865664816277251640191059004 91644998289315056604725802778631864155195653244258 982945930801915298721172556347546396447910145904090586298496791287406870504895858671747985466775757320568128845920541334053922000113786300945560688166740016984205580403637...

MAIS OU MENOS ISSO...

PODEMOS VER PORQUE e É NATURAL PENSANDO A RESPEITO DE **JUROS COMPOSTOS**. IMAGINE UM BANCO GENEROSO (!) QUE PAGA 100% DE JUROS ANUAIS NA SUA POUPANÇA.

SE VOCÊ COMEÇAR COM R$ 1, NO FINAL DE UM ANO O SEU SALDO TERÁ DOBRADO E SERÁ DE R$ 2. MUITO BOM!

$$R\$\ 1 + 100\% \cdot (R\$\ 1) = R\$\ 2$$

MAS NÃO É BOM O SUFICIENTE, VOCÊ RECLAMA: VOCÊ QUER OS JUROS COMPOSTOS EM MAIOR FREQUÊNCIA. VOCÊ PEDE AO BANCO QUE ACRESCENTE 50% A CADA SEIS MESES (100% AO ANO VEZES MEIO AO ANO). NO FINAL DO ANO O TOTAL EM REAIS SERÁ:

$$(1 + \tfrac{1}{2}) + \tfrac{1}{2}(1 + \tfrac{1}{2}) = 2{,}25$$

MELHOR!

AGORA VOCÊ APLICA UM POUCO DE ARITMÉTICA E NOTA QUE:

$$(1 + \tfrac{1}{2}) + \tfrac{1}{2}(1 + \tfrac{1}{2}) = (1 + \tfrac{1}{2})^2$$

E, DA PRÓXIMA VEZ QUE OS JUROS FOREM SOMADOS, O SEU SALDO TOTAL SERÁ $(1 + \tfrac{1}{2})^3$, DEPOIS $(1 + \tfrac{1}{2})^4$, DEPOIS $(1 + \tfrac{1}{2})^5$...

AH, MATEMÁTICA!

DE MODO SEMELHANTE, SE VOCÊ COMPOR OS 100% **TRÊS** VEZES POR ANO, SEU TOTAL, APÓS UM ANO (TRÊS PAGAMENTOS), SERÁ:

$$R\$\ (1 + \tfrac{1}{3})^3$$

SE COMPOSTO n VEZES POR ANO, AO FINAL DO ANO O TOTAL SERIA:

$$R\$\ (1 + \tfrac{1}{n})^n$$

E VOCÊ DECIDE DESCOBRIR QUANTO DINHEIRO TERÁ! USANDO SUA CALCULADORA, VOCÊ ENCONTRA:

PAGAMENTOS POR ANO	TOTAL APÓS 1 ANO	
1	$(1+1)^1$	$= R\$\ 2$
2	$(1+\tfrac{1}{2})^2$	$= R\$\ 2{,}25$
3	$(1+\tfrac{1}{3})^3$	$\approx R\$\ 2{,}37$
4	$(1+\tfrac{1}{4})^4$	$\approx R\$\ 2{,}44$
5	$(1+\tfrac{1}{5})^5$	$\approx R\$\ 2{,}49$
...		
100	$(1+\tfrac{1}{100})^{100}$	$\approx R\$\ 2{,}705...$
1000	$(1+\tfrac{1}{1000})^{1000}$	$\approx R\$\ 2{,}718...$
...		

O TOTAL PARECE ESTAR SE APROXIMANDO DE e REAIS.

SE n FOR MUITO, MUITO GRANDE, VOCÊ PODE PENSAR QUE SEU SALDO AUMENTA **CONTINUAMENTE, DURANTE TODO O TEMPO**. NESSE CASO, O SEU SALDO TOTAL AO FINAL DE UM ANO SERIA **EXATAMENTE** e REAIS.

O NÚMERO e É NATURAL PORQUE A COMPOSIÇÃO CONTÍNUA É NATURAL: NÃO DEPENDE DE UMA UNIDADE PARTICULAR DE TEMPO.

ISTO TAMBÉM MOSTRA QUE e É O MÁXIMO QUE VOCÊ PODE GANHAR A PARTIR DE UM REAL COM 100% DE JUROS!

PODEMOS USAR A FÓRMULA $(1+\frac{1}{n})^n$ PARA CALCULAR e.
A ÁLGEBRA NOS DIZ QUE PODEMOS EXPANDI-LA NA FORMA:

$$1 + n\left(\frac{1}{n}\right) + \frac{n(n-1)}{2} \cdot \frac{1}{n^2} + \frac{n(n-1)(n-2)}{1 \cdot 2 \cdot 3} \cdot \frac{1}{n^3} + \frac{n(n-1)(n-2)(n-3)}{1 \cdot 2 \cdot 3 \cdot 4} \cdot \frac{1}{n^4} + \ldots + \frac{1}{n^n}$$

QUANDO n FOR MUITO GRANDE, AS FRAÇÕES $(n-1)/n$, $(n-2)/n$ ETC. SÃO TODAS APROXIMADAMENTE IGUAIS A 1, ASSIM OS TERMOS SÃO APROXIMADAMENTE

$$1 + 1 + \frac{1}{2} + \frac{1}{3!} + \frac{1}{4!} + \frac{1}{5!} + \ldots$$

ONDE, SE m É UM INTEIRO QUALQUER, $m!$ INDICA O PRODUTO $1 \cdot 2 \cdot 3 \cdot \ldots \cdot m$.

AGORA, SE IMAGINARMOS n CRESCENDO "PARA ∞", PODEMOS CONCLUIR QUE e É DADO POR UMA SOMA COM UM NÚMERO **INFINITO** DE TERMOS:

$$e = 1 + 1 + \frac{1}{2} + \frac{1}{3!} + \frac{1}{4!} + \frac{1}{5!} + \ldots + \frac{1}{n!} + \ldots$$

DE FATO, É.

AH... QUE FÓRMULA LINDA, LINDA.

COMO VOCÊ NUNCA DIZ ISSO PARA MIM...?

POR CAUSA DA NATUREZA ESPECIAL DESTE NÚMERO, DE AGORA EM DIANTE VAMOS NOS REFERIR À FUNÇÃO exp, DEFINIDA COMO:

$$exp(x) = e^x$$

COMO SENDO **A** FUNÇÃO EXPONENCIAL. e^x É O SALDO QUE VOCÊ TERIA APÓS x ANOS SE UM REAL RENDESSE CONTINUAMENTE A UMA TAXA DE 100% AO ANO.

FUNÇÕES EXPONENCIAIS CRESCEM RAPIDAMENTE COM x. $f(x) = 2^x$, POR EXEMPLO, DOBRA A CADA VEZ QUE x AUMENTA DE 1:

$$f(x+1) = 2^{x+1} = 2^x 2^1 = 2(2^x) = 2f(x)$$

e^x CRESCE AINDA MAIS RÁPIDO, COMO VOCÊ PODE FACILMENTE CALCULAR. UMA FUNÇÃO POTÊNCIA COMO $g(x) = x^2$, EM COMPARAÇÃO, FICA BEM PARA TRÁS.

x	e^x	x^2
0	1,0	0
1	2,7183...	2
2	7,389...	4
3	20,085...	9
4	54,60...	16
5	148,41...	25
6	403,43...	36
7	1096,63...	49
8	2980,94...	64

SE a É UM NÚMERO COM $e^a = 2$ ($a \approx 0,693$, COMO VOCÊ PODE VERIFICAR EM SUA CALCULADORA), ENTÃO e^x DOBRA TODA VEZ QUE x AUMENTA DE a:

$$e^{(x+a)} = e^x e^a = 2e^x$$

E, EM PARTICULAR,

$$e^{na} = (e^a)^n = 2^n$$

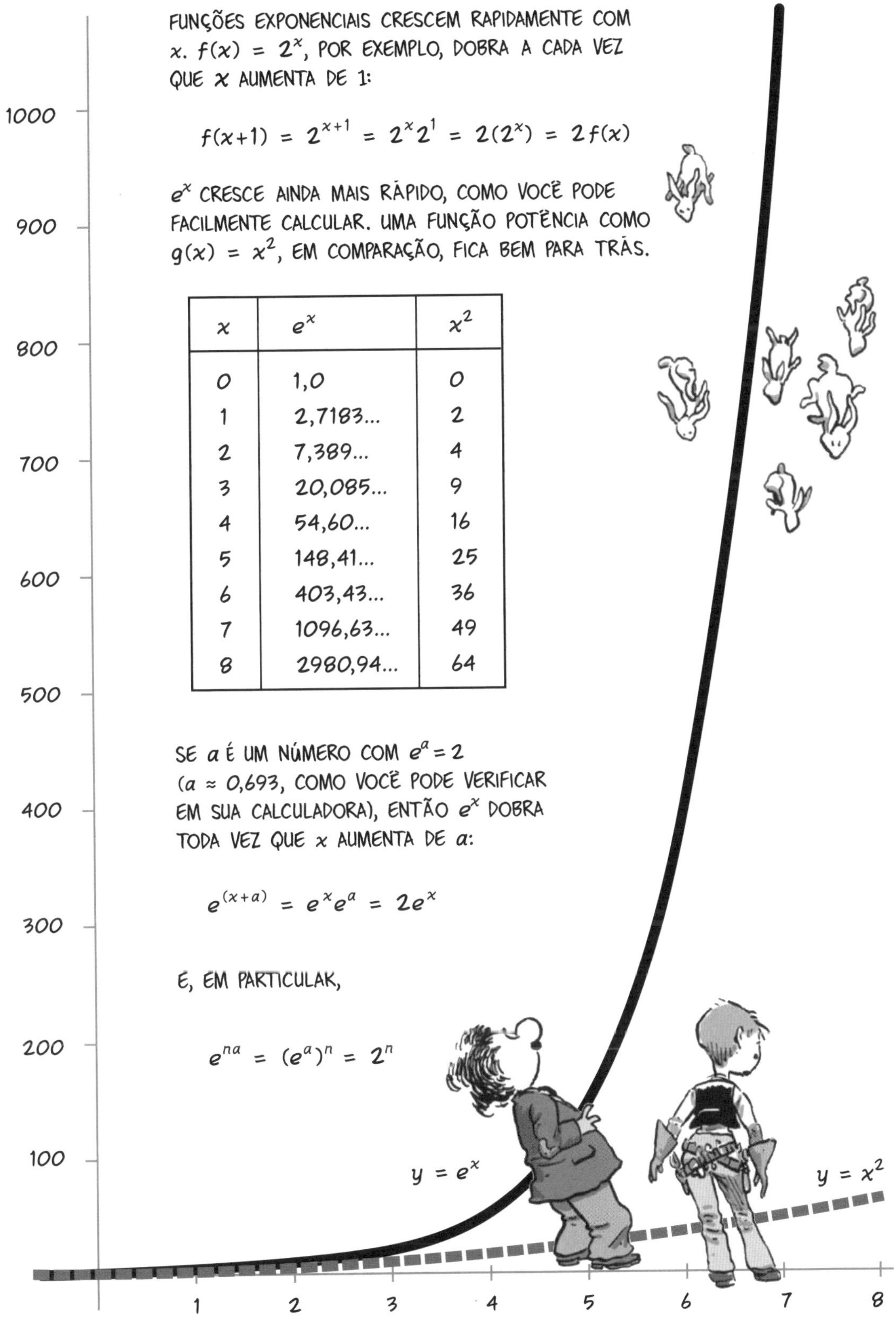

$y = e^x$

$y = x^2$

SE r FOR UM NÚMERO POSITIVO QUALQUER, ENTÃO A FUNÇÃO $h(x) = e^{rx}$ É UMA FUNÇÃO EXPONENCIAL, PORQUE

$$e^{rx} = (e^r)^x$$

A EXPONENCIAL COM BASE e^r (NOTE QUE $e^r > 1$). ELA AUMENTA MAIS RÁPIDO QUE $\exp(x)$ SE $r > 1$ E MAIS DEVAGAR SE $r < 1$.

DE QUALQUER MODO, CRESCE!

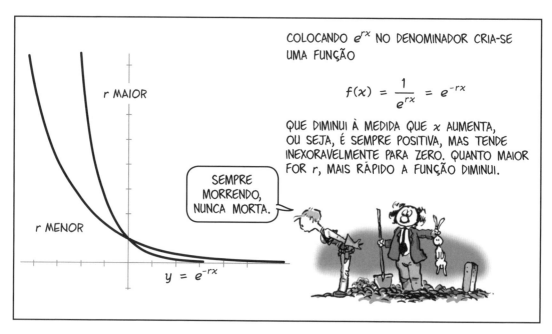

COLOCANDO e^{rx} NO DENOMINADOR CRIA-SE UMA FUNÇÃO

$$f(x) = \frac{1}{e^{rx}} = e^{-rx}$$

QUE DIMINUI À MEDIDA QUE x AUMENTA, OU SEJA, É SEMPRE POSITIVA, MAS TENDE INEXORAVELMENTE PARA ZERO. QUANTO MAIOR FOR r, MAIS RÁPIDO A FUNÇÃO DIMINUI.

SEMPRE MORRENDO, NUNCA MORTA.

e^{-rx} DESCREVE FENÔMENOS TAIS COMO DECAIMENTO RADIOATIVO, EM QUE A QUEDA NA RADIAÇÃO É PROPORCIONAL À QUANTIDADE DE MATERIAL RADIOATIVO PRESENTE, MAIS OU MENOS COMO UM JURO COMPOSTO AO CONTRÁRIO.

É COMO SE O BANCO TOMASSE METADE DO SEU DINHEIRO A CADA SEIS MESES...

SIM, QUASE COMO SE FOSSE.

FUNÇÕES CIRCULARES

NOSSAS ÚLTIMAS FUNÇÕES ELEMENTARES SÃO AS **CIRCULARES** OU **TRIGONOMÉTRICAS**: O SENO, O COSSENO, A TANGENTE E A SECANTE. ELAS DESCREVEM PROCESSOS QUE VÃO E VOLTAM, SOBEM E DESCEM, COMO MARÉS E IOIÔS.

ESSAS FUNÇÕES VÊM TANTO DE CÍRCULOS COMO DE TRIÂNGULOS RETÂNGULOS. AQUI, NUM CÍRCULO DE RAIO 1, COM CENTRO NA ORIGEM, COMEÇANDO NO EIXO x EM $(1, 0)$, UM PONTO $P = (x_P, y_P)$ ORBITA EM SENTIDO ANTI-HORÁRIO. VOCÊ PODE VER UM TRIÂNGULO RETÂNGULO COM A HIPOTENUSA OP.

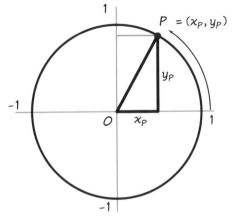

O ÂNGULO θ (LETRA GREGA "THETA"), ENTRE OP E O EIXO x, É MEDIDO EM UNIDADES "NATURAIS", NOMEADAMENTE **O COMPRIMENTO DO ARCO** DESCRITO POR P. ESTAS UNIDADES SÃO CHAMADAS **RADIANOS**. COMO A CIRCUNFERÊNCIA É IGUAL A 2π, P PERCORRE 2π RADIANOS NUMA VOLTA COMPLETA. ÂNGULOS MENORES SÃO PROPORCIONAIS E, NA DIREÇÃO HORÁRIA, SÃO NEGATIVOS. QUANDO P DESCREVE MAIS DE UMA VOLTA, O ÂNGULO θ É $> 2\pi$.

O **SENO** E O **COSSENO** DE θ SÃO AS COORDENADAS y E x, RESPECTIVAMENTE, DO PONTO P = (x_P, y_P). A **TANGENTE** DE θ É A RAZÃO y_P/x_P, QUANDO $x_P \neq 0$.

$\cos \theta = x_P$
$\operatorname{sen} \theta = y_P$
$\tan \theta = \dfrac{\operatorname{sen} \theta}{\cos \theta}$

(VOCÊ PODE TER APRENDIDO COM ALGUNS ANCIÕES GREGOS QUE SEN θ = y/r, MAS AQUI r = 1.)

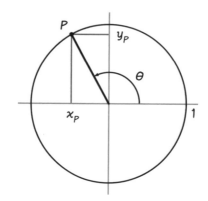

O SENO E O COSSENO OSCILAM ENTRE −1 E 1, REPETINDO-SE A CADA 2π RADIANOS. A TANGENTE REPETE-SE A CADA π RADIANOS. A TANGENTE VAI A INFINITO A CADA MÚLTIPLO ÍMPAR DE π, QUANDO O COSSENO É IGUAL A ZERO.

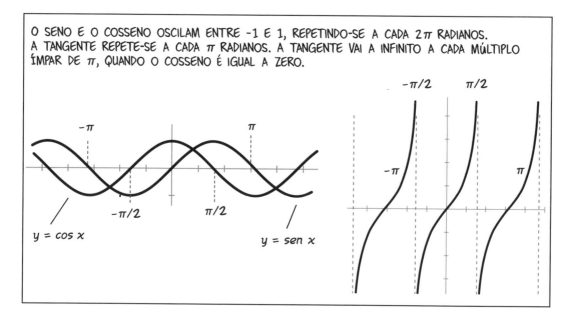

TAMBÉM MENCIONAREMOS, OCASIONALMENTE, A **SECANTE** DE θ, QUE É O INVERSO DO COSSENO, DEFINIDA QUANDO $\cos \theta \neq 0$.

$\sec \theta = \dfrac{1}{\cos \theta}$

PITÁGORAS NOS DEU ESTA EQUAÇÃO MUITO ÚTIL

$$\operatorname{sen}^2 \theta + \cos^2 \theta = 1$$

QUE TAMBÉM IMPLICA

$$\sec^2 \theta = \tan^2 \theta + 1$$

PORQUE

$$\sec^2 \theta = \dfrac{\operatorname{sen}^2 \theta + \cos^2 \theta}{\cos^2 \theta}$$

UM MODO DE VISUALIZAR O SENO E O COSSENO É IMAGINAR O PONTO P COMO UM PESO QUE É GIRADO NA EXTREMIDADE DE UMA CORDA COM UM METRO DE COMPRIMENTO.

IMAGINE DOIS OBSERVADORES OLHANDO PARA O CONTORNO DO CÍRCULO. UM OBSERVA AO LONGO DO EIXO x E O OUTRO OLHA AO LONGO DO EIXO y.

O SUJEITO NO EIXO x VÊ O PESO INICIAR NA ALTURA DOS OLHOS E DEPOIS OSCILAR PARA CIMA E PARA BAIXO. ELE VÊ OS VALORES DE y, OU O SENO.

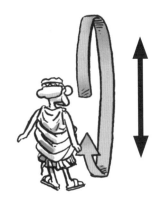

A GAROTA EM y, AO OLHAR PARA BAIXO, VÊ **EXATAMENTE** O MESMO MOVIMENTO PARA FRENTE E PARA TRÁS, EXCETO POR VER O MOVIMENTO INICIAR NA PARTE MAIS ALTA DO CICLO. ELA VÊ O COSSENO.

ISSO MOSTRA CLARAMENTE POR QUE O SENO E O COSSENO TÊM GRÁFICOS IDÊNTICOS, MAS DESLOCADOS DE $\frac{\pi}{2}$.

$$\cos \theta = \text{sen}(\theta + \frac{\pi}{2})$$

TAMBÉM, COMO $\cos(-\theta) = \cos \theta$,

$$\cos \theta = \text{sen}(\frac{\pi}{2} - \theta)$$

E

$$\text{sen } \theta = \cos(\frac{\pi}{2} - \theta)$$

E, COMO ESPERO QUE VOCÊ JÁ TENHA APRENDIDO EM OUTRO LUGAR, HÁ UMA INFINIDADE DE OUTRAS IDENTIDADES TRIGONOMÉTRICAS:

$$\text{sen}(A+B) = \text{sen } A \cos B + \text{sen } B \cos A$$

$$\cos(A+B) = \cos A \cos B - \text{sen } A \text{ sen } B$$

$$\text{sen}^2 \theta = \frac{1 - \cos 2\theta}{2}$$

$$\cos^2 \theta = \frac{1 + \cos 2\theta}{2} \qquad \text{ETC.!}$$

OUTRA IDEIA BÁSICA:
COMPOSIÇÃO DE FUNÇÕES

ÀS VEZES, UMA FUNÇÃO ESTÁ "ENCAIXADA" EM OUTRA FUNÇÃO. POR EXEMPLO, NA PÁGINA 23,

$$h(x) = \sqrt{x^2 - 1}$$

É O RESULTADO DO ENCAIXE DO VALOR DE $f(x) = x^2 - 1$ NA FUNÇÃO RAIZ QUADRADA $g(u) = \sqrt{u}$. PRIMEIRO, AVALIAMOS $x^2 - 1$ E, DEPOIS, TIRAMOS A RAIZ QUADRADA. f É CHAMADA FUNÇÃO **INTERNA** E g É A FUNÇÃO **EXTERNA**.

EXEMPLO 1:

$$F(x) = \tan^2 x + \tan x + 1$$

PRIMEIRO, ENCONTRE $\tan x$, DEPOIS, ENCAIXE-A EM $g(y) = y^2 + y + 1$.

A FUNÇÃO INTERNA É $f(x) = \tan x$ E A FUNÇÃO EXTERNA É g. ESCREVEMOS

$$F(x) = g(f(x))$$

EXEMPLO 2:

$$G(x) = e^{x^2}$$

FUNÇÃO INTERNA:

$$u(x) = x^2$$

FUNÇÃO EXTERNA:

$$v(t) = e^t$$

$$G(x) = v(u(x))$$

EXEMPLO 3:

$$H(x) = \tan(x^2 + x + 1)$$

FUNÇÃO INTERNA:

$$g(x) = x^2 + x + 1$$

FUNÇÃO EXTERNA:

$$f(\theta) = \tan \theta$$

$$H(x) = f(g(x))$$

O QUE ACONTECE AQUI É QUE A SAÍDA DE UMA FUNÇÃO PASSA A SER A ENTRADA DE OUTRA FUNÇÃO. A FUNÇÃO g "COME" A SAÍDA DA FUNÇÃO f.

COM EFEITO, A SETA DE f É SEGUIDA PELA SETA DE g:

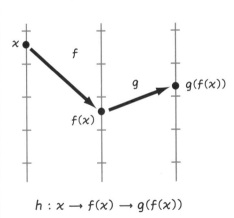

$$h : x \longrightarrow f(x) \longrightarrow g(f(x))$$

CHAMAMOS ESTA FUNÇÃO h DE **COMPOSIÇÃO** DE g E f, ÀS VEZES ESCRITA $g \circ f$. NOTE QUE A **FUNÇÃO INTERNA É AVALIADA PRIMEIRO**. SUA SETA ESTÁ À **ESQUERDA**. TAMBÉM NOTE QUE A **ORDEM É IMPORTANTE**. EM GERAL $g \circ f \neq f \circ g$. NOS EXEMPLOS 1 E 3, NA PÁGINA ANTERIOR, POR EXEMPLO,

$$f(g(x)) = \tan(x^2 + x + 1)$$
$$\neq \tan^2 x + \tan x + 1 = g(f(x))$$

VOCÊ PODE TER UMA CADEIA COMPOSTA POR MUITAS FUNÇÕES, POR QUE NÃO?

A COMPOSIÇÃO LEVA DIRETO A

POTÊNCIAS FRACIONÁRIAS

AO SE COMPOR $f(x) = x^{\frac{1}{n}}$ COM $g(y) = y^m$, PODEMOS DEFINIR POTÊNCIAS FRACIONÁRIAS DE x:

$$h(x) = x^{\frac{m}{n}} = (x^{\frac{1}{n}})^m = (x^m)^{\frac{1}{n}}.$$

PRIMEIRO TIRE A RAIZ ENÉSIMA E DEPOIS ELEVE À POTÊNCIA m, OU VICE-VERSA. (AQUI A ORDEM DA COMPOSIÇÃO NÃO IMPORTA.)

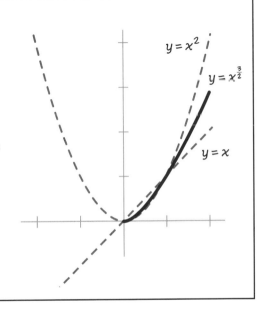

PRÓXIMA GRANDE IDEIA:
INVERTENDO FUNÇÕES

ÀS VEZES, QUANDO COMPOMOS DUAS FUNÇÕES, ALGO ESTRANHO ACONTECE: **NADA!**

EXEMPLO: SE

$$f(x) = x^{\frac{1}{3}} \text{ E } g(y) = y^3 \quad \text{ENTÃO} \quad h(x) = g(f(x)) = (x^{\frac{1}{3}})^3 = x$$

ENCAIXE x EM $g \circ f$, E LÁ VEM DE NOVO O x NA SAÍDA. h ELEVA AO CUBO A RAIZ CÚBICA, ASSIM, NO FINAL DAS CONTAS, A COMPOSIÇÃO NÃO FAZ NADA! g "DESFAZ" O EFEITO DE f.

COLOCANDO EM PALAVRAS, $g(x)$ É O "NÚMERO CUJO CUBO É x". COM FREQUÊNCIA, QUEREMOS CONHECER ESSE TIPO DE INFORMAÇÃO... TAIS COMO:

O NÚMERO CUJO QUADRADO É 4
O NÚMERO CUJO SENO É $\frac{1}{2}\sqrt{2}$
O NÚMERO CUJO EXPONENCIAL É 2

OU, EM SÍMBOLOS, QUE NÚMERO x, θ, OU t RESOLVE AS EQUAÇÕES:

$$\begin{cases} x^2 = 4 \\ \text{sen } \theta = \frac{1}{2}\sqrt{2} \\ e^t = 2 \end{cases}$$

* UM AGRADECIMENTO AO FILÓSOFO CHINÊS ZHUANGZI!

MAS HÁ UM COMPLICADOR... INFELIZMENTE, NÃO FAZ SENTIDO PERGUNTAR "PELO" NÚMERO CUJO QUADRADO É 4. PORQUE HÁ DOIS DELES, 2 E -2.

O SENO É AINDA PIOR. O ÂNGULO $\pi/4$ RESOLVE A EQUAÇÃO:

$$\text{sen } \theta = \tfrac{1}{2}\sqrt{2}$$

MAS VÁRIOS OUTROS ÂNGULOS TAMBÉM RESOLVEM: $3\pi/4$, $-5\pi/4$, $9\pi/4$, $11\pi/4$ ETC.

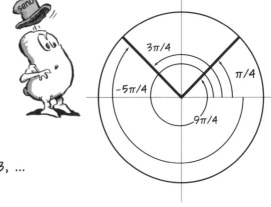

$$\text{sen}(\tfrac{\pi}{4} \pm 2\pi n) = \tfrac{1}{2}\sqrt{2}, \; n = 0, 1, 2, 3, \ldots$$

$$\text{sen}(\tfrac{3\pi}{4} \pm 2\pi n) = \tfrac{1}{2}\sqrt{2}, \; n = 0, 1, 2, 3, \ldots$$

EM OUTRAS PALAVRAS, ESTAS FUNÇÕES TÊM **MUITAS SETAS** QUE LEVAM A UM DADO NÚMERO. UM VALOR DA FUNÇÃO, GERALMENTE, VEM DE MUITOS VALORES DIFERENTES DE x.

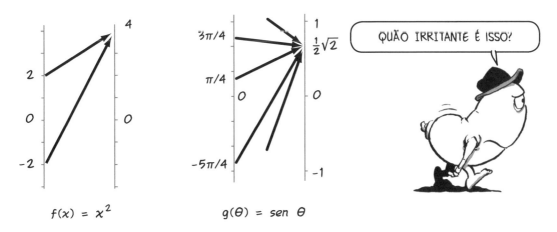

MAS NEM TODAS AS FUNÇÕES SÃO COMO ESTA: UMA FUNÇÃO É CHAMADA **INJETORA** SE NÃO HÁ DUAS DE SUAS SETAS QUE APONTAM PARA O MESMO LUGAR. USANDO SÍMBOLOS, SE $a \neq b$, ENTÃO $f(a) \neq f(b)$. CADA VALOR DE f É EXTREMIDADE DE UMA **ÚNICA SETA**.

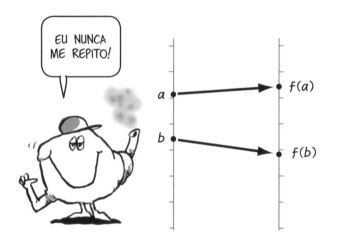

SE f FOR UMA FUNÇÃO INJETORA, PODEMOS CRIAR UMA FUNÇÃO NOVA, f^{-1}, "**INVERSA DE f**", QUE SEM AMBIGUIDADES DESFAZ A AÇÃO DE f AO **REVERTER SUAS SETAS**. O DOMÍNIO DA FUNÇÃO INVERSA f^{-1} É COMPOSTO POR TODOS OS VALORES ADMITIDOS POR f, E, PARA QUALQUER NÚMERO $f(x)$ NO SEU DOMÍNIO, f^{-1} É DEFINIDA POR

$$f^{-1}(f(x)) = x$$

COMO f^{-1} REVERTE AS SETAS DE f, OBVIAMENTE, f TAMBÉM REVERTE AS SETAS DE f^{-1} - É MÚTUO! DAÍ SEGUE QUE:

$$f(f^{-1}(y)) = y$$

AS DUAS FUNÇÕES SÃO INVERSAS UMA DA OUTRA! A ORDEM NÃO IMPORTA.

QUAIS FUNÇÕES SÃO INJETORAS? PARA NOSSOS PROPÓSITOS, SERÃO AS FUNÇÕES QUE SÃO

CRESCENTES OU DECRESCENTES

DEFINIMOS UMA FUNÇÃO COMO **CRESCENTE** OU **ESTRITAMENTE CRESCENTE** SE OS VALORES DE $f(x)$ AUMENTAM À MEDIDA QUE x AUMENTA. OU SEJA, DADOS QUAISQUER DOIS PONTOS a E b NO DOMÍNIO DE f,

SE $a < b$, ENTÃO $f(a) < f(b)$.

f É **ESTRITAMENTE DECRESCENTE** SE $a < b$ IMPLICAR QUE $f(a) > f(b)$*. POR CAUSA DA INEQUALIDADE, **TODA FUNÇÃO CRESCENTE É INJETORA** E, ASSIM, TAMBÉM O É TODA FUNÇÃO DECRESCENTE.

O VOLUME DE UMA ESFERA É UMA FUNÇÃO CRESCENTE DO RAIO.

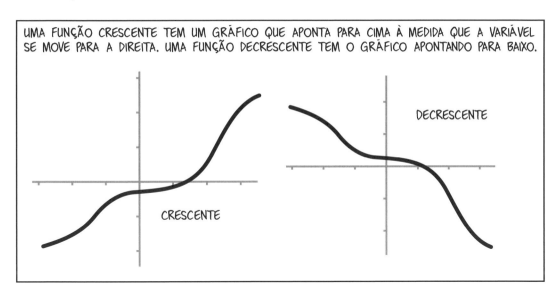

UMA FUNÇÃO CRESCENTE TEM UM GRÁFICO QUE APONTA PARA CIMA À MEDIDA QUE A VARIÁVEL SE MOVE PARA A DIREITA. UMA FUNÇÃO DECRESCENTE TEM O GRÁFICO APONTANDO PARA BAIXO.

EM TERMOS DE SETAS, AS DAS FUNÇÕES CRESCENTES NUNCA SE CRUZAM, POIS OS VALORES DE $f(x)$ SEMPRE AUMENTAM AO LONGO DE SUA LINHA. **TODAS** AS SETAS DE UMA FUNÇÃO DECRESCENTE SE CRUZAM!

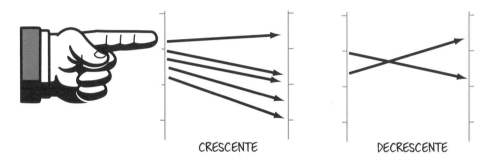

* NOTE QUE UMA FUNÇÃO f É CRESCENTE SE E SÓ SE $-f$ FOR DECRESCENTE.

COMO UMA FUNÇÃO CRESCENTE (OU DECRESCENTE) É INJETORA, ELA POSSUI INVERSA!

PEQUENO EXEMPLO:

$f(x) = x^3$ É CRESCENTE.
SUA INVERSA É:

$$f^{-1}(x) = x^{\frac{1}{3}}$$

EM GERAL, $g(x) = x^n$ É CRESCENTE PARA QUALQUER n INTEIRO ÍMPAR, E A INVERSA É

$$g^{-1}(x) = x^{\frac{1}{n}}$$

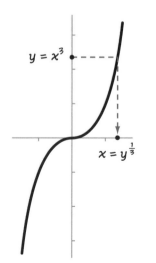

AS SETAS DA INVERSA APONTAM DE y PARA x!

EXEMPLO IMPORTANTE E GRANDE: LOGARITMO NATURAL, INVERSA DA EXPONENCIAL

A FUNÇÃO EXPONENCIAL $exp(x) = e^x$ É CRESCENTE.

PROVA: SE $a < b$, ENTÃO

$$\frac{e^b}{e^a} = e^{(b-a)} > 1 \quad \text{PORQUE } b - a > 0, \text{ ENTÃO}$$

$$e^b > e^a$$

SUA FUNÇÃO INVERSA É CHAMADA **LOGARITMO NATURAL**, ESCRITA ln ("ELE-ENE").

O DOMÍNIO DE ln É $(0,\infty)$ OU **TODOS OS NÚMEROS POSITIVOS**, POIS e^x ADMITE VALORES MAIORES QUE ZERO*, E

$$e^{ln\,y} = y \quad \text{E} \quad ln(e^x) = x$$

* DESCULPE, MAS AQUI SOLICITAMOS QUE VOCÊ CONFIE NESTE LIVRO.

EXPOENTES, VOCÊ DEVE LEMBRAR, SE COMPORTAM DESTE MODO:

$$(e^x)(e^y) = e^{x+y} \qquad (e^x)^y = e^{xy}$$

ISSO IMPLICA AS FAMOSAS FÓRMULAS DOS LOGARITMOS QUE ERAM MUITO IMPORTANTES PARA REALIZAR CONTAS GRANDES, ANTES DOS COMPUTADORES MECÂNICOS E ELETRÔNICOS, QUANDO TUDO ERA FEITO À MÃO.

$$\ln(xy) = \ln x + \ln y$$

$$\ln x^p = p \ln x$$

E, EM PARTICULAR, QUANDO $p = 1$,

$$\ln \frac{1}{x} = \ln x^{-1} = -\ln x$$

À MÃO? COMO ASSIM?

PROCURE NA REDE POR "LOGARITMO" PARA ENTENDER O QUE EU ESTOU DIZENDO...

O LOGARITMO PERMITE QUE A GENTE EXPRIMA OUTRAS EXPONENCIAIS EM TERMOS "DA" EXPONENCIAL COM BASE e. SEJA 2^x, POR EXEMPLO. USANDO UMA CALCULADORA, VOCÊ PODERÁ ENCONTRAR UM VALOR APROXIMADO PARA $\ln 2$:

$$\ln 2 \approx 0{,}693\ldots{}^* \text{ DO QUAL:}$$

$$2^x = (e^{\ln 2})^x = e^{(\ln 2)x} = e^{0{,}693\ldots x}$$

SUBSTITUA O 2 POR **QUALQUER** NÚMERO $a > 1$ E A EXPONENCIAL $A(x) = a^x$ PODE SER EXPRESSA DE MODO SIMILAR:

$$a^x = e^{rx}, \text{ ONDE } r = \ln a.$$

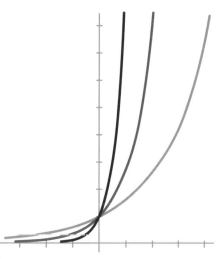

CONCLUSÃO: **TODA FUNÇÃO EXPONENCIAL PODE SER EXPRESSA NA FORMA e^{rx} PARA ALGUM NÚMERO r.**

* FAZ SENTIDO QUE $\ln 2$ ESTEJA ENTRE 0 E 1, POIS 2 ESTÁ ENTRE 1 $(= e^0)$ E e $(= e^1)$.

FAZENDO O GRÁFICO DE INVERSAS

VIMOS COMO SE PARECEM AS INVERSAS EM TEMOS DE SETAS: f^{-1} SIMPLESMENTE INVERTE O SENTIDO DE TODAS AS SETAS DE f. QUAL É A APARÊNCIA DO GRÁFICO?

NO GRÁFICO DE $y = f(x)$, SIGA UMA SETA DE UM PONTO x A $f(x) = y$. A FUNÇÃO INVERSA f^{-1} REVERTE ESTA SETA, ASSIM, $f^{-1}(y) = x$.

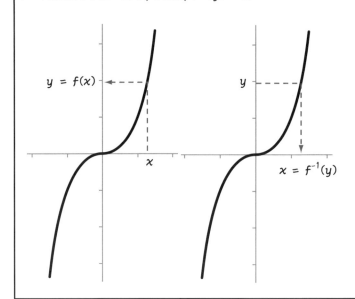

OU SEJA, SE USAMOS O EIXO VERTICAL y PARA A VARIÁVEL INDEPENDENTE, O GRÁFICO $x = f^{-1}(y)$ É **IDÊNTICO** AO GRÁFICO DE $y = f(x)$!

INFELIZMENTE, O COSTUME É COLOCAR A VARIÁVEL INDEPENDENTE NO EIXO **HORIZONTAL** E NÃO NO VERTICAL. QUEREMOS O GRÁFICO $y = f^{-1}(x)$, **NÃO** $x = f^{-1}(y)$.

O QUE ACONTECE SE TROCARMOS x E y?

SE UM PONTO (a, b) ESTÁ NO GRÁFICO $y = f(x)$, ENTÃO (b, a) ESTÁ NO GRÁFICO $y = f^{-1}(x)$. O PONTO (a, b) É O REFLEXO DO PONTO (b, a) EM RELAÇÃO A UMA LINHA $y = x$, ASSIM, O GRÁFICO $y = f^{-1}(x)$ É A **IMAGEM ESPECULAR** DO GRÁFICO $y = f(x)$ FORMADA SEGUNDO A LINHA $y = x$.

BEM, ISTO NÃO É ASSIM TÃO RUIM, NÃO É?

DEPENDE DE QUEM ESTÁ OLHANDO NO ESPELHO...

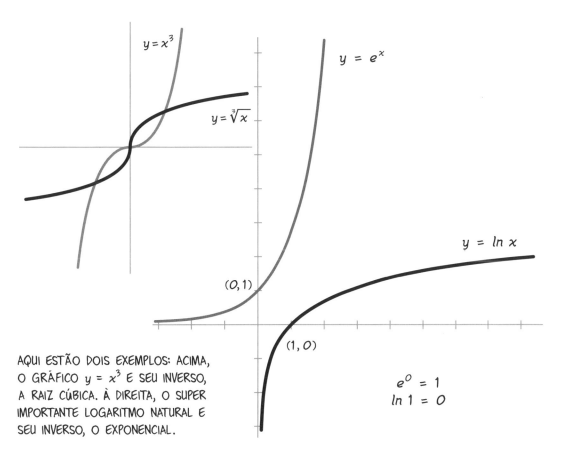

AQUI ESTÃO DOIS EXEMPLOS: ACIMA, O GRÁFICO $y = x^3$ E SEU INVERSO, A RAIZ CÚBICA. À DIREITA, O SUPER IMPORTANTE LOGARITMO NATURAL E SEU INVERSO, O EXPONENCIAL.

$e^0 = 1$
$\ln 1 = 0$

PODEMOS INVERTER UMA FUNÇÃO QUE NÃO SEJA INJETORA, QUE SOBE E DESCE? SE MUITAS SETAS VÃO ATÉ UM PONTO y, QUAL DELAS NÓS REVERTEMOS? A RESPOSTA É: ESCOLHA QUALQUER UMA QUE QUISER E IGNORE AS DEMAIS!

UM MODO SISTEMÁTICO DE FAZER ISTO É INVERTER AS SETAS QUE SE ORIGINAM NO **INTERVALO EM QUE A FUNÇÃO É INJETORA**. POR EXEMPLO, $f(x) = x^2$ É CRESCENTE (E, PORTANTO, INJETORA) NO INTERVALO $[0, \infty)$. REVERTENDO APENAS AS SETAS QUE COMEÇAM NESTE INTERVALO, FAZ-SE A INVERSA

$$f^{-1}(x) = \sqrt{x}$$

QUE SEMPRE DÁ A **RAIZ QUADRADA NÃO NEGATIVA**. ENTÃO, PARA TODO $x \geq 0$,

$$f(f^{-1}(x)) = x$$

$$f^{-1}(f(x)) = x \quad \text{(NÃO É ADMITIDO } x \text{ NEGATIVO!)}$$

ISTO VALE PARA QUALQUER FUNÇÃO f: **RESTRINJA SEU DOMÍNIO** A UM INTERVALO EM QUE f É CRESCENTE (OU DECRESCENTE) E, NESTE INTERVALO, f POSSUI INVERSA.

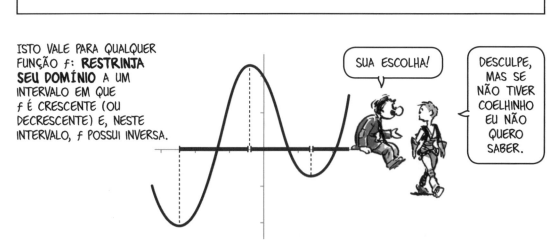

SEGUNDO EXEMPLO IMPORTANTE E GRANDE: INVERSA DE FUNÇÕES CIRCULARES

AS FUNÇÕES SENO E COSSENO OSCILAM DE CIMA PARA BAIXO CONTINUAMENTE... MAS, EM ALGUNS INTERVALOS BREVES, ELAS SÃO CRESCENTES! VAMOS NOS CONCENTRAR NO SENO, POIS PARA O COSSENO FUNCIONA DO MESMO MODO. VOCÊ PODE VER QUE O SENO AUMENTA NO INTERVALO $[-\frac{\pi}{2}, \frac{\pi}{2}]$ EM QUE SEUS VALORES VÃO DE -1 A 1.

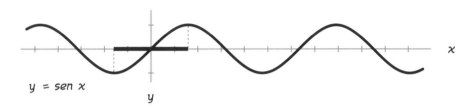

RESTRITA A ESTE INTERVALO, A FUNÇÃO SENO POSSUI FUNÇÃO INVERSA, CHAMADA **ARCO SENO**, COM DOMÍNIO [-1, 1]. O ARCO SENO SEMPRE ADMITE VALORES ENTRE $-\pi/2$ E $\pi/2$.

UM DOMÍNIO TÃO PEQUENO...

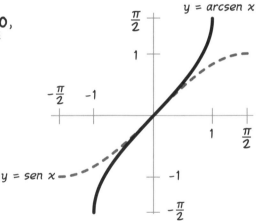

POR QUE É CHAMADA **ARCO SENO**? PORQUE É O COMPRIMENTO DO ARCO CORRESPONDENTE A UM DADO SENO.

SE $\operatorname{sen} \theta = y$ ENTÃO $\theta = \operatorname{arcsen} y$

θ É UM ÂNGULO CUJO SENO É y. ESTE ÂNGULO, MEDIDO EM RADIANOS, É O COMPRIMENTO DE UM ARCO CORRESPONDENTE NO CÍRCULO UNITÁRIO (VER PÁGINA 43). OUTROS ÂNGULOS TÊM O MESMO SENO, MAS θ É O **ÚNICO** ÂNGULO ENTRE $-\pi/2$ E $\pi/2$ COM $\operatorname{sen} \theta = y$.

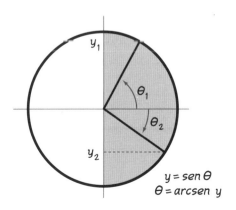

A ÚLTIMA FUNÇÃO DESTE CAPÍTULO SERÁ A INVERSA DA FUNÇÃO TANGENTE, $f(x) = \tan x$. A INVERSA É CONHECIDA COMO **ARCO TANGENTE**, EM VIRTUDE DA MESMA RAZÃO PELA QUAL A INVERSA DO SENO É CHAMADA ARCO SENO, E É SIMBOLIZADA POR $\arctan x$.

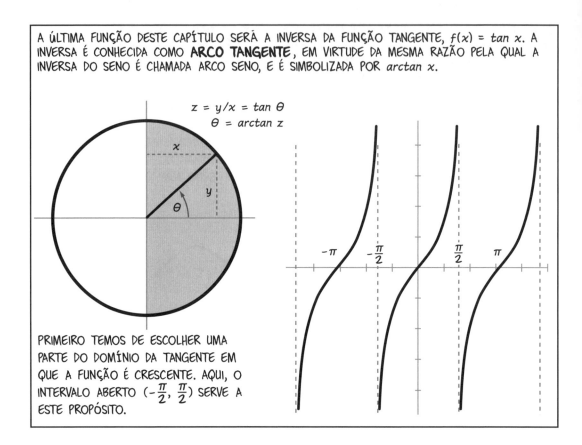

PRIMEIRO TEMOS DE ESCOLHER UMA PARTE DO DOMÍNIO DA TANGENTE EM QUE A FUNÇÃO É CRESCENTE. AQUI, O INTERVALO ABERTO $(-\frac{\pi}{2}, \frac{\pi}{2})$ SERVE A ESTE PROPÓSITO.

OS VALORES DA TANGENTE ABRANGEM **TODOS OS NÚMEROS REAIS**, OU SEJA, O "INTERVALO" $(-\infty, \infty)$, ASSIM O **DOMÍNIO** DO ARCO TANGENTE É (∞, ∞). A FUNÇÃO É DEFINIDA EM TODOS OS PONTOS, MAS SEUS VALORES VÃO DE $-\pi/2$ A $\pi/2$.

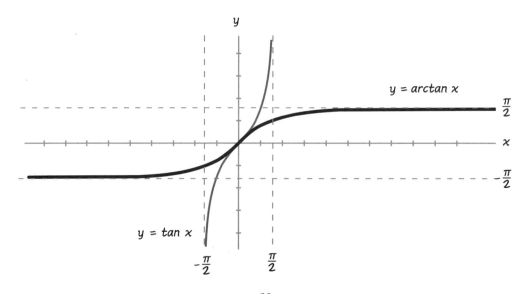

ISTO COMPLETA NOSSO PASSEIO PELAS FUNÇÕES ELEMENTARES! NÓS VIMOS AS FUNÇÕES POTÊNCIA (POSITIVA, NEGATIVA E FRACIONÁRIA), A EXPONENCIAL E SUA INVERSA, O LOGARITMO NATURAL, ALÉM DAS FUNÇÕES CIRCULARES E SUAS INVERSAS. NÃO FORAM MUITAS, NA VERDADE...

MAS, É CLARO, QUANDO VOCÊ SOMA, MULTIPLICA, DIVIDE E COMPÕE ESTES INGREDIENTES BÁSICOS, PODE CRIAR MONSTROS COMO ESTE:

$$f(x) = e^{\cos^2[(1 + x^3)^{\frac{1}{2}}(5x - \text{sen}(\ln(\cos x)))^{-\frac{1}{3}}]}$$

PROBLEMAS

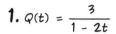

DESCREVA O DOMÍNIO DE CADA UMA DAS SEGUINTES FUNÇÕES:

1. $Q(t) = \dfrac{3}{1 - 2t}$

2. $f(b) = \dfrac{\sqrt{2b - 1}}{(b - 4)(b + 9)}$

3. $M(x) = \dfrac{1}{1 - |x|}$

4. $V(x) = \sqrt{1 - \left(\dfrac{x}{2}\right)^2}$

5. $g(\theta) = \dfrac{\tan \theta}{\theta^2 - \dfrac{\pi}{9}}$

6. $A(x) = (1 - e^{2x})^{-1}$

7. $T(u) = (1 - e^{2u})^{-1/2}$

8. $f(x) = \ln(1 + x^2)$

9. $L(x) = \ln(\ln x)$

AQUI ESTÁ O GRÁFICO DE UMA FUNÇÃO $y = f(x)$, UM PONTO c NO EIXO x E UM PONTO d NO EIXO y.

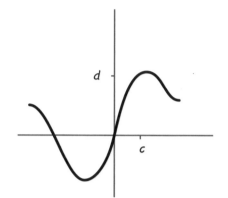

10. DESENHE O GRÁFICO DAS SEGUINTES FUNÇÕES:

a. $g(x) = f(x - c)$
b. $h(x) = f(x) + d$
c. $u(x) = 2f(x)$
d. $m(x) = f(2x)$
e. $v(x) = -f(x)$
f. $T(x) = f(-x)$

11. AQUI ESTÃO ALGUMAS FUNÇÕES COMPOSTAS. IDENTIFIQUE SEUS COMPONENTES INTERNOS E EXTERNOS E ESCREVA CADA FUNÇÃO NA FORMA $u(v(x))$ (OU $u(v(w(x)))$, SE NECESSÁRIO).

a. $h(x) = 2^{\cos x}$

b. $h(x) = \sqrt{\ln(x^2 - 1)}$

c. $h(x) = 4e^{3x} + e^{2x} + 6e^x - 99$

12. MOSTRE QUE, PARA UM NÚMERO c QUALQUER, UM POLINÔMIO $P(x) = b_0 + b_1 x + b_2 x^2 + \ldots + b_n x^n$ PODE TAMBÉM SER ESCRITO $P(x) = a_0 + a_1(x - c) + a_2(x - c)^2 + \ldots + a_n(x - c)^n$, EM QUE $a_0 = P(c)$. MOSTRE QUE $a_n \neq 0$ SE $b_n \neq 0$.

13. DEFINAMOS UMA FUNÇÃO f NO INTERVALO ABERTO (0,2) DA SEGUINTE FORMA:

$f(x) = x^2$ PARA $0 < x \leq 1$

$f(x) = x^2 - 1$ PARA $1 < x < 2$

a. f É CRESCENTE EM TODO O SEU DOMÍNIO?

b. f É INJETORA?

c. DESENHE O GRÁFICO DE f E SUA INVERSA f^{-1}.

14. MOSTRE QUE

$$\arctan x = \arccos \dfrac{1}{\sqrt{1 + x^2}}$$
$$= \arcsen \dfrac{x}{\sqrt{1 + x^2}}$$

(DICA: DESENHE UM TRIÂNGULO.)

15. SE VOCÊ TEM A_0 REAIS HOJE E ELE RENDE DE MODO QUE VOCÊ TENHA $A(t) = A_0 e^{rt}$ REAIS APÓS t ANOS, QUANTO TEMPO LEVA PARA DOBRAR A SUA QUANTIA? (ADMITA QUE r É CONSTANTE.)

CAPÍTULO 1
LIMITES

UMA GRANDE IDEIA A RESPEITO DE COISAS PEQUENAS

O ÚLTIMO CAPÍTULO TRATOU DE FUNÇÕES "FIXAS", POR ASSIM DIZER. DADO UM PONTO x, SEGUIMOS A SETA ATÉ O **LOCAL** DE $f(x)$.

AGORA O CÁLCULO APRESENTA UMA NOVA IDEIA: NÃO APENAS O VALOR DE UMA FUNÇÃO NO PONTO a, MAS COMO $f(x)$ SE APRESENTA NAS PROXIMIDADES, MAS **MUITO PRÓXIMO MESMO**, DE a. DE FATO, PODEREMOS ESTAR INTERESSADOS NOS PONTOS x DA VIZINHANÇA MESMO QUE A FUNÇÃO NÃO SEJA DEFINIDA NO PONTO a!!

POR QUÊ? A RAZÃO VEM DA IDEIA DE NEWTON E LEIBNIZ A RESPEITO DA **VELOCIDADE**. (VER PÁGINAS 15-16.)

LEMBRE-SE, A IDEIA DELES ERA ESTA: SE $s(t)$ É A POSIÇÃO NUM INSTANTE t, E a É UM MOMENTO NO TEMPO, ENTÃO, QUANDO t ESTÁ PRÓXIMO A a, A VELOCIDADE NO INSTANTE a É MUITO PRÓXIMA AO "QUOCIENTE DE DIFERENÇA" $D(t)$.

$$D(t) = \frac{s(t) - s(a)}{t - a}$$

D É UMA FUNÇÃO DE t QUE NÃO É DEFINIDA EM $t = a$, MAS É DEFINIDA QUANDO t É **PRÓXIMO** DE a. À MEDIDA QUE t SE APROXIMA DE a, ESPERAMOS QUE $D(t)$ SE APROXIME DA VELOCIDADE INSTANTÂNEA EM a. NÓS IREMOS QUERER ESCREVER

$$v(a) = \lim_{t \to a} D(t)$$

E DIZEMOS QUE $v(a)$ É O **LIMITE** DE $D(t)$ QUANDO t TENDE A a.

POR EXEMPLO, ASSIM ACONTECE NUMA RAMPA EM ÂNGULO LIGEIRAMENTE SUPERIOR A 11,77 GRAUS, EM QUE UM VEÍCULO SEM ATRITO, PARTINDO DO REPOUSO EM s = 0, DESCERÁ CONFORME A FÓRMULA

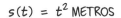

$s(t) = t^2$ METROS

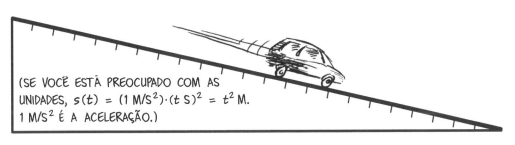

(SE VOCÊ ESTÁ PREOCUPADO COM AS UNIDADES, $s(t) = (1 \text{ M/S}^2) \cdot (t \text{ S})^2 = t^2$ M. 1 M/S^2 É A ACELERAÇÃO.)

ENTÃO, PRÓXIMO A UM PONTO NO INSTANTE a,

$$D(t) = \frac{t^2 - a^2}{t - a}$$

VAMOS SUPOR QUE a = 3 S, E VEJAMOS O QUE ACONTECE COM $D(t)$ QUANDO t ESTÁ PRÓXIMO A a:

t	$t - 3$	$t^2 - 9$	$D(t)$
2,9	-0,1	-0,59	5,9
2,99	-0,01	-0,0599	5,99
2,999	-0,001	-0,005999	5,999
...	...	...	...
3,001	0,001	0,006001	6,001
3,01	0,01	0,0601	6,01
3,1	0,1	0,61	6,1

$D(t)$ DÁ TODA A IMPRESSÃO DE ATINGIR O LIMITE IGUAL A 6 À MEDIDA QUE $t \to 3$

MAS, AFINAL, QUEM ESTÁ DIRIGINDO?

TALVEZ VOCÊ NÃO TENHA ACREDITADO. E ME DESAFIE A FAZER $D(t)$ AINDA MAIS PRÓXIMO A 6, COM PRECISÃO DE, DIGAMOS, 0,000001. OU SEJA, VOCÊ PEDE

$$|D(t) - 6| < 0,000001$$

EU ACEITO O DESAFIO. PRIMEIRO, REESCREVO A EXPRESSÃO FAZENDO $h = t - 3$ OU $t = 3 + h$. ENTÃO

$$D(t) = \frac{(3+h)^2 - 3^2}{(3+h) - 3} = \frac{6h + h^2}{h}$$

$$= 6 + h \quad \text{QUANDO } h \neq 0$$

E OBSERVO QUE, DESDE QUE h SEJA NÃO NULO E $|h| < 0,000001$, ENTÃO RESULTA QUE, DESDE QUE $D(t) = 6 + h$,

$$|D(t) - 6| = |h| < 0,000001$$

EU ATENDO O SEU PEDIDO UMA VEZ MAIS: DESDE QUE h SEJA NÃO NULO E

$$|h| < 0,0000000001$$

ENTÃO, COMO ANTERIORMENTE,

$$|(D(t)) - 6| = |h| < 0,000000001$$

OU, SE VOCÊ QUISER,

$$5,9999999999 < D(t) < 6,0000000001$$

MAS VOCÊ É ASSIM MEIO PERSISTENTE... VOCÊ ME DESAFIA DE NOVO: AGORA QUER $D(t)$ COM PRECISÃO DE 0,0000000001.

VOCÊ DECIDE QUE QUER AINDA MAIS PRECISO, MAS NÃO QUER FICAR O DIA INTEIRO AÍ PARADO ME DANDO NÚMEROS...

ASSIM VOCÊ ME DÁ UM **DESAFIO GENÉRICO**: "SE EU TE DOU UM NÚMERO PEQUENO **QUALQUER** - VAMOS CHAMÁ-LO ε, A LETRA GREGA ÉPSILON* -, VOCÊ CONSEGUE FAZER COM QUE $D(t)$ FIQUE NUMA MARGEM ε AO REDOR DE 6 USANDO UM h PEQUENO? VOCÊ PODE FORÇAR $|D(t) - 6| < \varepsilon$?"

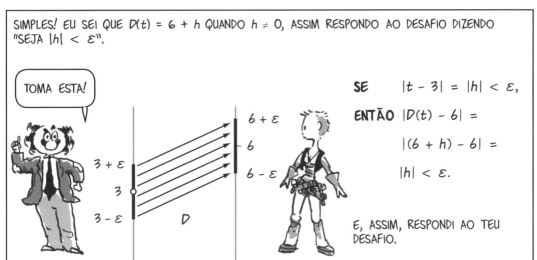

AGORA VOCÊ ESTÁ SATISFEITO! MOSTREI QUE $D(t)$ PODE FICAR A UM FIO DE CABELO DE 6, NÃO IMPORTA O QUÃO FINO SEJA O CABELO!!!

* É TRADICIONAL. DESCULPE.

TALVEZ AGORA VOCÊ ESTEJA CONVENCIDO DE QUE UMA FUNÇÃO REALMENTE PODE SE APROXIMAR DE UM LIMITE À MEDIDA QUE $x \to a$, MESMO QUE A FUNÇÃO NÃO SEJA DEFINIDA NO PONTO a. GRAFICAMENTE, PARECE COM ISTO: $\lim_{x \to a} f(x) = L$ SIGNIFICA QUE **O GRÁFICO $y = f(x)$ SE DIRIGE AO PONTO (a, L).**

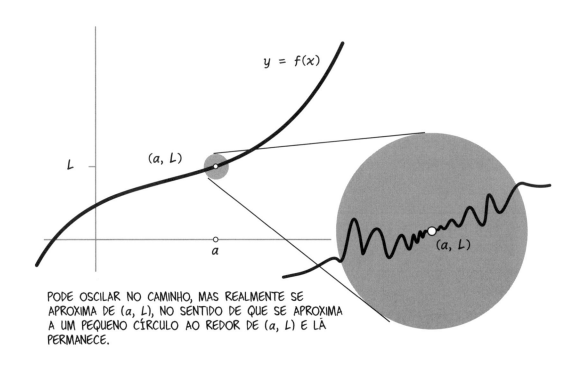

PODE OSCILAR NO CAMINHO, MAS REALMENTE SE APROXIMA DE (a, L), NO SENTIDO DE QUE SE APROXIMA A UM PEQUENO CÍRCULO AO REDOR DE (a, L) E LÁ PERMANECE.

LIMITES SÃO ESPECIALMENTE FÁCEIS QUANDO f É UMA DAS NOSSAS **FUNÇÕES ELEMENTARES**, FUNÇÕES POTÊNCIA, FUNÇÕES CIRCULARES, EXPONENCIAIS E SUAS INVERSAS. QUANDO UMA DESTAS FUNÇÕES FOR DEFINIDA NUM PONTO a, O GRÁFICO VAI PARA ONDE DEVERIA IR, NOMEADAMENTE

$$\lim_{x \to a} f(x) = f(a)$$

POR EXEMPLO,

$$\lim_{x \to 2} 50x = 100$$

$$\lim_{x \to 9} \frac{1}{x} = \frac{1}{9}$$

$$\lim_{\theta \to \pi/2} \cos \theta = 0$$

PARA ENCONTRAR O LIMITE EM a, BASTA LIGAR a NA FUNÇÃO!

QUASE TUDO O QUE VOCÊ
PRECISA SABER SOBRE LIMITES
ESTÁ RESUMIDO NESTES

FATOS BÁSICOS SOBRE LIMITES: SUPONHA QUE C SEJA UMA CONSTANTE E f E g SÃO DUAS FUNÇÕES DEFINIDAS NA VIZINHANÇA DE a*, COM

$$\lim_{x \to a} f(x) = L \quad \text{E} \quad \lim_{x \to a} g(x) = M$$

ENTÃO

1a. PARA QUALQUER a, $\lim_{x \to a} C = C$

b. $\lim_{x \to a} Cf(x) = C \lim_{x \to a} f(x)$

c. $\lim_{x \to a} (f(x) + C) = \lim_{x \to a} f(x) + C$

2. $\lim_{x \to a} (f(x) + g(x)) = L + M$

3. $\lim_{x \to a} (f(x) g(x)) = LM$

4. SE $L \neq 0$, ENTÃO $\lim_{x \to a} \dfrac{1}{f(x)} = \dfrac{1}{L}$

RESUMINDO, VOCÊ PODE FAZER O LIMITE DE SOMAS, PRODUTOS E QUOCIENTES TERMO A TERMO (PRESTANDO ATENÇÃO A DENOMINADORES NULOS) E AS CONSTANTES "ATRAVESSAM" O SÍMBOLO DE LIMITE.

EXEMPLO: PARA QUALQUER $a \neq 0$,

$$\lim_{x \to a} \left(3x^2 + \frac{e^x \operatorname{sen} x}{x}\right) = 3a^2 + \frac{e^a \operatorname{sen} a}{a}$$

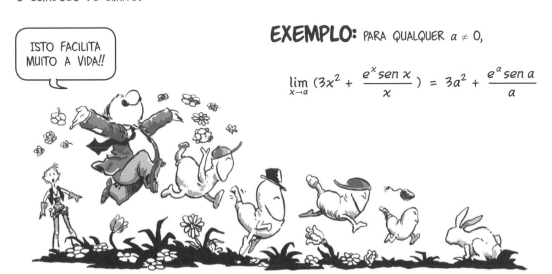

ISTO FACILITA MUITO A VIDA!!

---

* USAREMOS "DEFINIDA **NA VIZINHANÇA** DE a" PARA ABREVIAR "DEFINIDA NUM INTERVALO ABERTO CONTENDO a, COM A POSSÍVEL EXCEÇÃO DO PRÓPRIO a".

NA VERDADE, HÁ MAIS **ALGUMAS** COISAS PARA SE SABER A RESPEITO DE LIMITES...

PARA COMEÇAR... A DEFINIÇÃO PRECISA DE LIMITE! PARA ENTENDÊ-LA, VAMOS REVER O QUE ACONTECEU NAS PÁGINAS 64 E 65 COM A FUNÇÃO D(t) PRÓXIMO A $t = 3$.

EM RESUMO, FOI ASSIM: VOCÊ ME DESAFIOU A CONTER D(t) NUM PEQUENO INTERVALO **I** AO REDOR DE L AO FAZER t SE APROXIMAR DE a. O "RAIO" (MEIO COMPRIMENTO) DAQUELE INTERVALO FOI CHAMADO ε, ÉPSILON. VOCÊ PEDIU QUE EU FIZESSE $L - \varepsilon < D(t) < L + \varepsilon$.

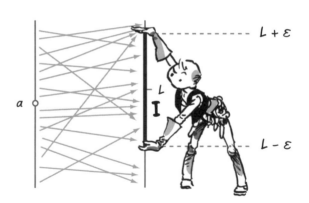

DADO O DESAFIO, RESPONDI ENCONTRANDO O INTERVALO **J** AO REDOR DE a, NO QUAL ISTO ERA VERDADEIRO:

SE t ESTÁ EM **J**, ENTÃO D(t) ESTÁ EM **I**.

NESTE PONTO VOCÊ ADMITIU QUE O LIMITE ERA REALMENTE L.

NÓS TAMBÉM PODEMOS EXPRESSAR ISTO COM FÓRMULAS. VAMOS USAR f PARA A FUNÇÃO E x PARA A VARIÁVEL, EM VEZ DE D E t, E VAMOS ILUSTRAR COM UM GRÁFICO, POIS ASSIM VOCÊ PODERÁ VER O PROCESSO DE DOIS MODOS DISTINTOS. O SENTIDO É O MESMO - APENAS A LINGUAGEM É DIFERENTE.

ASSIM, DADO QUALQUER $\varepsilon > 0$, VOCÊ ME DESAFIOU A FAZER $|f(x) - L| < \varepsilon$, OU SEJA, CONTER O GRÁFICO NESTA FAIXA ESTREITA AO REDOR DE L:

EU RESPONDI COM UM NÚMERO POSITIVO δ (ESTE É O RAIO NO INTERVALO J) COM ESTA PROPRIEDADE:

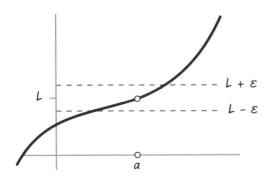

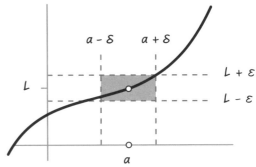

SE $|x - a| < \delta$, ENTÃO $|f(x) - L| < \varepsilon$.

SE EU PUDER RESPONDER A UM DESAFIO ε COM UM δ QUE FAZ COM QUE ESTE ÚLTIMO "SE... ENTÃO" SEJA VERDADEIRO, ENTÃO, VOCÊ CONCORDA QUE

$$\lim_{x \to a} f(x) = L.$$

AQUI, ENTÃO, ESTÃO DOIS MODOS DE EXPRESSAR a DE MANEIRA FORMAL A

DEFINIÇÃO DO LIMITE:
SUPONHA QUE f SEJA UMA FUNÇÃO DEFINIDA AO REDOR DO PONTO a (EMBORA NÃO PRECISE SER DEFINIDA NESTE MESMO a). ENTÃO, DIZER QUE f **POSSUI O LIMITE L À MEDIDA QUE x TENDE A a** SIGNIFICA:

VERSÃO ALGÉBRICA:

PARA CADA $\varepsilon > 0$, EXISTE UM NÚMERO $\delta > 0$ TAL QUE SE $|x - a| < \delta$, ENTÃO $|f(x) - L| < \varepsilon$.

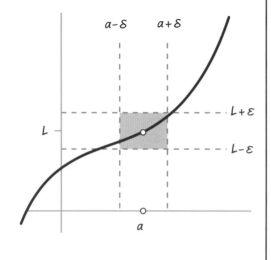

VERSÃO INTERVALO:

PARA TODO INTERVALO ABERTO I AO REDOR DE L, HÁ UM INTERVALO ABERTO J AO REDOR DE a TAL QUE SE x ESTIVER EM J, ENTÃO $f(x)$ ESTÁ EM I.

NO INTERVALO J, $f(x)$ ESTÁ "PRESA" OU "ENJAULADA" EM I.

EMBORA EU PREFIRA A VERSÃO EM TERMOS DE INTERVALOS, A VERSÃO ALGÉBRICA É A QUE VOCÊ ENCONTRARÁ EM TODOS OS LIVROS-TEXTO, A QUE É RECITADA COMO UM MANTRA POR GERAÇÕES DE ESTUDANTES DE CÁLCULO ATÉ QUE SEJA ABSORVIDA OU, COMO VOCÊ SABE, QUE NÃO O SEJA.

"PARA CADA EPISILOHMMM..."

PARA VER COMO A DEFINIÇÃO FUNCIONA, VAMOS PROVAR ALGUNS DOS FATOS BÁSICOS DOS LIMITES VISTOS NA PÁGINA 67.

VEJA ISTO!

PARA **CADA** ÉPSILON, EXISTE UM DELTA... PARA CADA **ÉPSILON**, EXISTE UM DELTA... PARA CADA ÉPSILON, **EXISTE** UM DELTA... PARA CADA...

FATO 1B. SE $\lim_{x \to a} f(x) = L$, ENTÃO, $\lim_{x \to a} C f(x) = CL$ QUANDO C FOR UMA CONSTANTE.

PROVA: DADO $\varepsilon > 0$ (É **SEMPRE** ASSIM QUE TODAS ESTAS PROVAS COMEÇAM), ESPERAMOS ENCONTRAR UM NÚMERO $\delta > 0$ TAL QUE SE $|x - a| < \delta$, ENTÃO $|Cf(x) - CL| < \varepsilon$. VEMOS QUE

$$|Cf(x) - CL| = |C||f(x) - L|$$

LOGO, SE

$$|f(x) - L| < \frac{\varepsilon}{|C|}$$

DEVEMOS ENCONTRAR O QUE QUEREMOS. MAS SERÁ QUE PODEMOS CONFINAR $f(x)$ NAQUELE INTERVALO $\varepsilon/|C|$? RESPOSTA: **CLARO QUE SIM!** PELA DEFINIÇÃO DE LIMITE, PODEMOS CONFINAR $f(x)$ A **QUALQUER** INTERVALO PEQUENO USANDO ALGUM δ OU OUTRO... ISSO É A CHAVE DE TODO ESTE CONCEITO!

SIM... SIM... SIIIMM!

ASSIM, ADMITA δ TAL QUE

SE $|x - a| < \delta$, ENTÃO $|f(x) - L|$

$$< \frac{\varepsilon}{|C|}$$

NESTE CASO, SE $|x - a| < \delta$, ENTÃO

$$|Cf(x) - CL| = |C||f(x) - L|$$
$$< |C|\frac{\varepsilon}{|C|} = \varepsilon$$

ASSIM, $Cf(x)$ ESTÁ CONTIDA A UMA DISTÂNCIA ε DE CL, E A PROVA ESTÁ COMPLETA.

C. Q. DEEEEEEEEE!

(OBS.: C.Q.D. - COMO QUERÍAMOS DEMONSTRAR.)

ALGUNS FATOS ADICIONAIS SOBRE LIMITES DEPENDEM DOS SEGUINTES TEOREMAS OU, COMO DIRIAM OS MATEMÁTICOS, LEMAS PRELIMINARES.

LEMA 1: SUPONHA QUE $\lim_{x \to a} f(x) = \lim_{x \to a} g(x) = L$. SE I FOR UM INTERVALO ABERTO AO REDOR DE L, ENTÃO HÁ UM **ÚNICO** INTERVALO ABERTO J AO REDOR DE a PARA O QUAL **TANTO** $f(x)$ COMO $g(x)$ ESTÃO CONTIDAS EM I.

PROVA: POR DEFINIÇÃO HÁ UM INTERVALO J_f AO REDOR DE a, DE MODO QUE $f(x)$ FIQUE CONFINADA EM I, E OUTRO INTERVALO (POSSIVELMENTE DIFERENTE) J_g AO REDOR DE a DE MODO QUE $g(x)$ FIQUE CONFINADA A I.

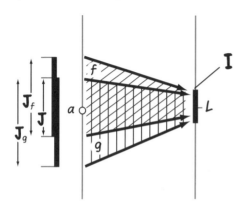

ENTÃO, A **INTERSECÇÃO** DE J_f E J_g, OU SEJA, TODOS OS PONTOS COMUNS AOS DOIS INTERVALOS, TAMBÉM É UM INTERVALO J AO REDOR DE a. SE x ESTIVER EM J, ENTÃO, TANTO $f(x)$ QUANTO $g(x)$ ESTÃO CONTIDAS EM I, E A PROVA ESTÁ COMPLETA.

LEMA 2: SUPONHA $\lim_{x \to a} f(x) = \lim_{x \to a} g(x) = 0$. ENTÃO

$$\lim_{x \to a} f(x)g(x) = \lim_{x \to a} f(x) + \lim_{x \to a} g(x) = 0$$

PROVA: DADO $\varepsilon > 0$, DE ACORDO COM O LEMA 1, HÁ UM INTERVALO J AO REDOR DE a TAL QUE SE x ESTIVER EM J, ENTÃO

$$|f(x)| < \frac{\varepsilon}{2} \text{ E } |g(x)| < \frac{\varepsilon}{2}$$

SE x ESTIVER EM J, ENTÃO

$$|f(x) + g(x)| \leq |f(x)| + |g(x)| < \frac{\varepsilon}{2} + \frac{\varepsilon}{2} = \varepsilon$$

$$|f(x)g(x)| = |f(x)| \cdot |g(x)| < \frac{\varepsilon^2}{4} < \varepsilon$$

E A PROVA ESTÁ COMPLETA. (AQUI ADMITIMOS $\varepsilon < 1$, MAS ISTO ESTÁ OK.)

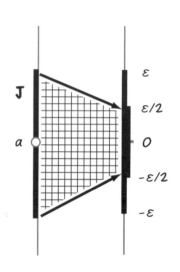

DEIXAMOS A PROVA DOS FATOS 1a E 1c COMO UM EXERCÍCIO FÁCIL PARA VOCÊ, LEITOR...
ADMITINDO QUE AMBOS SÃO VERDADEIROS, AGORA PROVAMOS OS FATOS 2 E 3.

FATO 2. SE $\lim_{x \to a} f(x) = L$ E $\lim_{x \to a} g(x) = M$, ENTÃO

$$\lim_{x \to a} (f(x) + g(x)) = L + M$$

PROVA: APLIQUE O LEMA 2 ÀS FUNÇÕES $f - L$ E $g - M$.
AMBAS TÊM LIMITE NULO QUANDO $x \to a$, PELO FATO 1c. LOGO

$$0 = \lim_{x \to a}((f(x) - L) + (g(x) - M)) \quad \text{DE ACORDO COM O LEMA 2}$$

$$= \lim_{x \to a}((f(x) + g(x)) - (L + M)).$$

$$= [\lim_{x \to a} ((f(x) + g(x))] - (L + M) \quad \text{DO FATO 1c, SEGUE}$$

$\lim_{x \to a} ((f(x) + g(x)) = L + M$. FEITO!

C. Q. DEEEEEEE!

FATO 3. SE $\lim_{x \to a} f(x) = L$ E $\lim_{x \to a} g(x) = M$, ENTÃO

$$\lim_{x \to a} (f(x) g(x)) = LM$$

PROVA: NOVAMENTE APLICAMOS O LEMA 2 ÀS FUNÇÕES $f - L$ E $g - M$, AMBAS COM LIMITE NULO QUANDO $x \to a$.

$$0 = \lim_{x \to a} [(f(x) - L)(g(x) - M)] \quad \text{(CONFORME O LEMA 2)}$$

$$= \lim_{x \to a} [f(x)g(x) - Lg(x) - Mf(x) + LM] \quad \text{(SÓ ÁLGEBRA)}$$

$$= \lim_{x \to a} f(x)g(x) - \lim_{x \to a} Lg(x) - \lim_{x \to a} Mf(x) + LM \quad \text{(DOS FATOS 2 E 1a)}$$

$$= \lim_{x \to a} f(x)g(x) - LM - LM + LM \quad \text{(CONFORME O FATO 1b)}$$

$$= \lim_{x \to a} f(x)g(x) - LM, \quad \text{LOGO}$$

$\lim_{x \to a} f(x)g(x) = LM$. FEITO, MAIS UMA VEZ!

A PROVA DO FATO 4 FICA PARA A LISTA DE EXERCÍCIOS...

MAIS FATOS SOBRE LIMITES
PARA FUNÇÕES POSITIVAS (E NEGATIVAS) E SEUS LIMITES, ALÉM DE MAIS ALGUMAS COISAS PARA SE RUMINAR...

5a. SE $\lim_{x \to a} f(x) = L > 0$, ENTÃO $f(x) > 0$ PARA ALGUM INTERVALO **J** AO REDOR DE a.

PROVA: SEJA **I** UM INTERVALO ABERTO QUALQUER QUE CONTENHA L, MAS QUE EXCLUA 0. PELA DEFINIÇÃO DE LIMITE, HÁ UM INTERVALO **J** AO REDOR DE a PARA O QUAL $f(x)$ ESTÁ SEMPRE NO INTERIOR DE **I**. COMO **I** CONSISTE INTEIRAMENTE DE NÚMEROS POSITIVOS, A PROVA ESTÁ COMPLETA.

5b. SE $L < 0$, ENTÃO HÁ UM INTERVALO AO REDOR DE a PARA O QUAL $f(x) < 0$. ISTO SEGUE COM A APLICAÇÃO DE **5a** NA FUNÇÃO $-f$.

5c. SE $f(x) \geq 0$ PARA TODO x EM ALGUM INTERVALO AO REDOR DE a, ENTÃO $\lim_{x \to a} f(x) \geq 0$ (SE O LIMITE EXISTIR).

PROVA: SE O LIMITE FOSSE NEGATIVO, ENTÃO, EM RAZÃO DE **5b**, PODERÍAMOS ENCONTRAR UM INTERVALO AO REDOR DE a PARA O QUAL $f(x)$ SERIA NEGATIVA, CONTRARIANDO A HIPÓTESE.

5d. O MESMO QUE **5c**, COM $\geq$ SUBSTITUÍDO INTEIRAMENTE POR $\leq$.

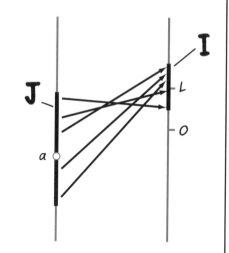

TRADUÇÃO DO **5a**: UMA FUNÇÃO COM LIMITE POSITIVO EM a, TEM DE SER POSITIVA NA VIZINHANÇA DE a.

NOTA: **NÃO** PODEMOS CONCLUIR QUE UMA FUNÇÃO POSITIVA TEM UM LIMITE POSITIVO, MAS SOMENTE QUE TEM UM LIMITE NÃO NEGATIVO. POR EXEMPLO,

$$f(x) = x^3/x \quad (x \neq 0)$$

É SEMPRE POSITIVA, MAS

$$\lim_{x \to 0} f(x) = 0.$$

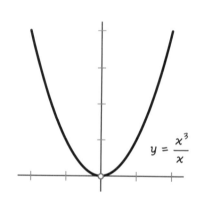

E, FINALMENTE, ESTE RESULTADO DELICIOSO:

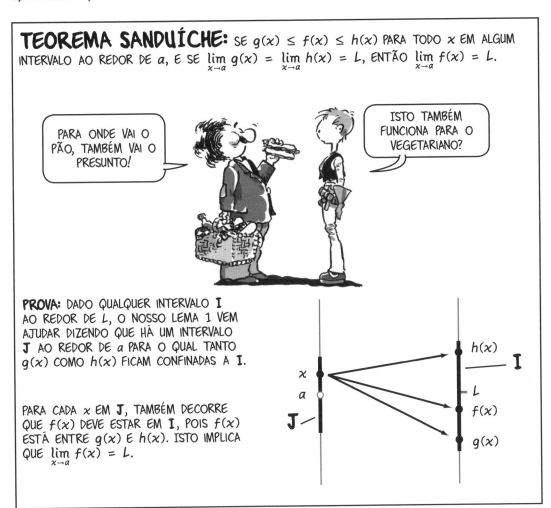

TEOREMA SANDUÍCHE: SE $g(x) \leq f(x) \leq h(x)$ PARA TODO x EM ALGUM INTERVALO AO REDOR DE a, E SE $\lim_{x \to a} g(x) = \lim_{x \to a} h(x) = L$, ENTÃO $\lim_{x \to a} f(x) = L$.

PARA ONDE VAI O PÃO, TAMBÉM VAI O PRESUNTO!

ISTO TAMBÉM FUNCIONA PARA O VEGETARIANO?

PROVA: DADO QUALQUER INTERVALO **I** AO REDOR DE L, O NOSSO LEMA 1 VEM AJUDAR DIZENDO QUE HÁ UM INTERVALO **J** AO REDOR DE a PARA O QUAL TANTO $g(x)$ COMO $h(x)$ FICAM CONFINADAS A **I**.

PARA CADA x EM **J**, TAMBÉM DECORRE QUE $f(x)$ DEVE ESTAR EM **I**, POIS $f(x)$ ESTÁ ENTRE $g(x)$ E $h(x)$. ISTO IMPLICA QUE $\lim_{x \to a} f(x) = L$.

NUM GRÁFICO VOCÊ VÊ COMO f FICA ENTRE g E h, E, ASSIM, É ESPREMIDA EM DIREÇÃO AO PONTO (a, L).

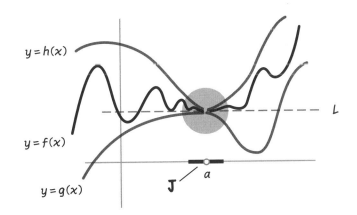

O TEOREMA SANDUÍCHE NOS DÁ O NOSSO PRIMEIRO RESULTADO SURPREENDENTE ENVOLVENDO FUNÇÕES REAIS, ÚTEIS. VAMOS COMPARAR UM **ÂNGULO** COM O SEU **SENO**.

UM ÂNGULO θ (EM RADIANOS!) É O COMPRIMENTO DE UM ARCO QUE SE DESENVOLVE DE UM CÍRCULO UNITÁRIO, ENQUANTO O sen θ É O LADO VERTICAL DO TRIÂNGULO OAP. À MEDIDA QUE θ DIMINUI, O ARCO FICA MENOS CURVADO, ASSIM A DISCREPÂNCIA ENTRE SENO E ÂNGULO DEVE SER MENOR. O QUE OCORRE QUANDO $\theta \to 0$?

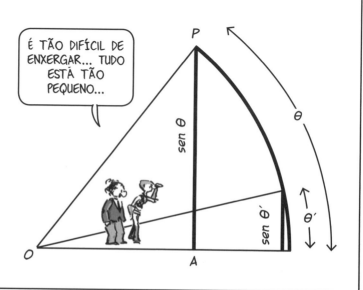

DE FATO, ELES SE TORNAM INDISTINGUÍVEIS. AGORA MOSTRAMOS ESTE RESULTADO EXCELENTE:

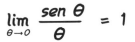

$$\lim_{\theta \to 0} \frac{\text{sen } \theta}{\theta} = 1$$

PROVA: SUPONHA QUE O ÂNGULO INTERCEPTE O CÍRCULO NO PONTO Q. ESTENDA A LINHA OQ ATÉ O PONTO Q' DIRETAMENTE ACIMA DE P', QUE É ONDE O CÍRCULO INTERCEPTA O EIXO x. ENTÃO $OP = \cos \theta$, $QP = \text{sen } \theta$, E $OP' = 1$.

COMO OS TRIÂNGULOS OPQ E $OP'Q'$ SÃO SEMELHANTES, DECORRE QUE

$$P'Q' = \frac{P'Q'}{OP'} = \frac{PQ}{OP} = \frac{\text{sen } \theta}{\cos \theta}$$

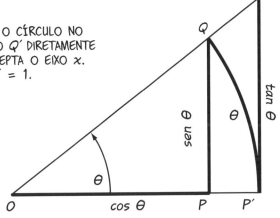

AGORA **A ÁREA** DO SETOR $OP'Q$ É SIMPLESMENTE $\theta/2$ (EM RADIANOS, LEMBRE-SE!), DE MODO QUE AS ÁREAS DO TRIÂNGULO MENOR OPQ, DO SETOR E DO TRIÂNGULO $OP'Q'$ FORMAM O SEGUINTE SANDUÍCHE DE DESIGUALDADES:

$$\tfrac{1}{2} \text{sen } \theta \cos \theta < \tfrac{1}{2} \theta < \tfrac{1}{2} \frac{\text{sen } \theta}{\cos \theta}$$

DIVIDINDO POR $\tfrac{1}{2} \text{sen } \theta$ (QUE NÃO É NULO!) OBTÉM-SE:

$$\cos \theta < \frac{\theta}{\text{sen } \theta} < \frac{1}{\cos \theta}$$

INVERTENDO TODOS OS TERMOS AS DESIGUALDADES TAMBÉM SÃO INVERTIDAS:

$$\cos \theta < \frac{\text{sen } \theta}{\theta} < \frac{1}{\cos \theta}$$

À MEDIDA QUE $\theta \to 0$, O PONTO P VAI EM DIREÇÃO A P', DE MODO QUE $\cos \theta$ (E, POR CONSEGUINTE, $1/\cos \theta$) TEM LIMITE IGUAL A 1. ASSIM, PELO TEOREMA SANDUÍCHE, O LIMITE DE $(\text{sen } \theta)/\theta$ TAMBÉM SERÁ IGUAL A 1. E ASSIM TERMINAMOS!

LIMITES AO INFINITO, LIMITES INFINITOS

ÀS VEZES, NO CÁLCULO ESTAMOS INTERESSADOS EM COISAS MUITO GRANDES, ASSIM COMO NAS MUITO PEQUENAS. POR EXEMPLO, PODEMOS QUERER ESTUDAR COMO UMA FUNÇÃO SE COMPORTA NO LONGO PRAZO, COM "$x \to \infty$." ESTA FUNÇÃO, AQUI, SE APROXIMA DE UM LIMITE IGUAL A 3, À MEDIDA QUE x AUMENTA MUITO.

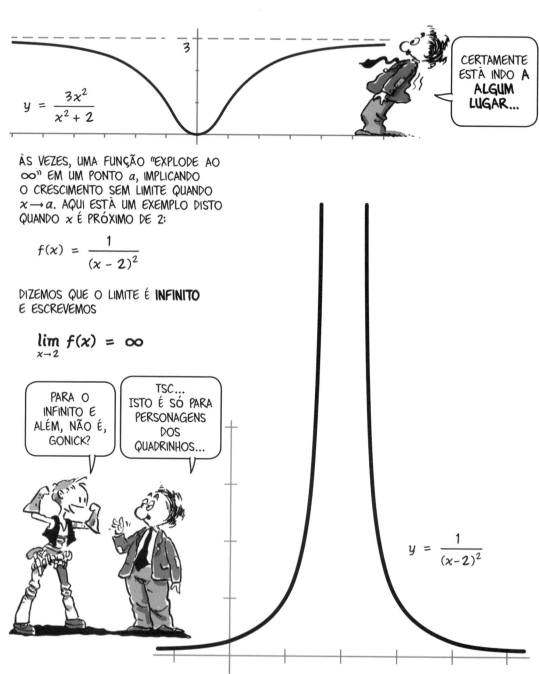

ÀS VEZES, UMA FUNÇÃO "EXPLODE AO ∞" EM UM PONTO a, IMPLICANDO O CRESCIMENTO SEM LIMITE QUANDO $x \to a$. AQUI ESTÁ UM EXEMPLO DISTO QUANDO x É PRÓXIMO DE 2:

$$f(x) = \frac{1}{(x-2)^2}$$

DIZEMOS QUE O LIMITE É **INFINITO** E ESCREVEMOS

$$\lim_{x \to 2} f(x) = \infty$$

DE MANEIRA SEMELHANTE, O COMPORTAMENTO A "LONGO PRAZO" DE UMA FUNÇÃO PODE SER DESCRITO COMO UM LIMITE QUANDO $x \to \infty$. POR EXEMPLO, A FUNÇÃO $g(x) = 1/x$ É DECRESCENTE E, DE FATO, SE APROXIMA ARBITRARIAMENTE DE ZERO À MEDIDA QUE x AUMENTA SEM LIMITE. ESCREVEMOS:

$$\lim_{x \to \infty} \frac{1}{x} = 0$$

TALVEZ AGORA VOCÊ JÁ SAIBA O MANTRA PARA DEFINIR $\lim_{x \to \infty} f(x) = L$:

PARA CADA INTERVALO **I** AO REDOR DE L (OU SEJA, PARA CADA $\varepsilon > 0$),

HÁ UM INTERVALO **J** AO REDOR DE ∞ (OU SEJA, TUDO O QUE FOR MAIOR QUE ALGUM NÚMERO N) TAL QUE, SE x ESTIVER EM **J** ($x > N$), ENTÃO, $f(x)$ ESTÁ EM **I** ($|f(x)-L| < \varepsilon$)

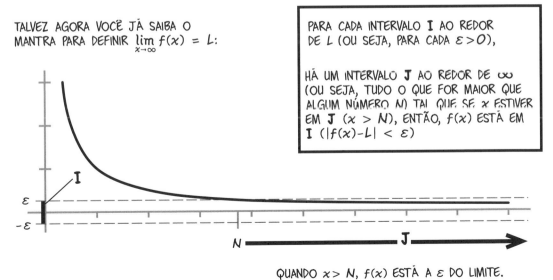

QUANDO $x > N$, $f(x)$ ESTÁ A ε DO LIMITE.

POLINÔMIOS AO INFINITO

ENCERRAMOS ESTE CAPÍTULO MOSTRANDO COMO POLINÔMIOS CRESCEM AO INFINITO. COM EFEITO, UM POLINÔMIO DE GRAU n **CRESCE CONFORME O SEU TERMO PRINCIPAL** $a_n x^n$ À MEDIDA QUE $x \to \infty$. TODOS OS TERMOS DE MENOR ORDEM SE TORNAM RELATIVAMENTE NEGLIGENCIÁVEIS.

TEOREMA DO CRESCIMENTO POLINOMIAL: SUPONHA QUE $P(x)$ E $Q(x)$ SEJAM POLINÔMIOS DE GRAU n E m, RESPECTIVAMENTE:

$$P(x) = a_n x^n + a_{n-1} x^{n-1} + \ldots + a_0$$

$$Q(x) = b_m x^m + b_{m-1} x^{m-1} + \ldots + b_0 \quad (a_n, b_m \neq 0)$$

ENTÃO

1. SE $n = m$, ENTÃO $\lim\limits_{x \to \infty} \dfrac{P(x)}{Q(x)} = \dfrac{a_n}{b_n}$

2. SE $n < m$, ENTÃO $\lim\limits_{x \to \infty} \dfrac{P(x)}{Q(x)} = 0$

3. SE $n > m$, E a_n E b_m TÊM AMBOS O MESMO SINAL (ISTO É, AMBOS + OU AMBOS −), ENTÃO

$\lim\limits_{x \to \infty} \dfrac{P(x)}{Q(x)} = \infty$ E $-\infty$ QUANDO a_n E b_m TÊM SINAIS OPOSTOS.

EM LINGUAGEM MATEMÁTICA, DIZEMOS QUE O POLINÔMIO DE MAIOR GRAU **DOMINA** O POLINÔMIO DE MENOR GRAU.

EXEMPLOS:

$\lim\limits_{x \to \infty} \dfrac{3x^2 + x + 50}{2x^2 + 900x + 1} = \dfrac{3}{2}$ (NUMERADOR E DENOMINADOR TÊM O MESMO GRAU, 2.)

$\lim\limits_{x \to \infty} \dfrac{450x^4 + 8x^3 + 50}{x^8 + x + 1} = 0$ (O GRAU DO NUMERADOR É MENOR QUE O GRAU DO DENOMINADOR.)

PROVA DE 1: ADMITA QUE $n = m$. PELO FATO DE UM POLINÔMIO TER UM NÚMERO FINITO DE RAÍZES, $Q(x) \neq 0$ QUANDO x FOR GRANDE O SUFICIENTE, ASSIM A FUNÇÃO P/Q É DEFINIDA NUM INTERVALO AO REDOR DE ∞. LOGO, PARA UM x GRANDE, PODEMOS ESCREVER

$$\frac{P(x)}{Q(x)} = \frac{P(x)/x^n}{Q(x)/x^n} = \frac{a_n + \frac{a_{n-1}}{x} + \ldots + \frac{a_0}{x^n}}{b_n + \frac{b_{n-1}}{x} + \ldots + \frac{b_0}{x^n}}$$

AGORA PODEMOS LEVAR AO LIMITE TERMO POR TERMO COM $x \to \infty$ E, COMO TODOS VÃO PARA ZERO EXCETO a_n E b_n, O RESULTADO DECORRE.

2 É CONSEQUÊNCIA DE **1**. SE, DIGAMOS, $n < m$, ENTÃO, PARA UM x GRANDE O SUFICIENTE,

$$\frac{P(x)}{Q(x)} = x^{n-m} \frac{a_n x^m + \ldots + a_0 x^{m-n}}{b_m x^m + \ldots + b_0}$$

ACABAMOS DE MOSTRAR QUE O SEGUNDO FATOR TEM LIMITE FINITO a_n/b_m À MEDIDA QUE $x \to \infty$. COMO $\lim_{x \to \infty} x^{n-m} = 0$, O PRODUTO TEM LIMITE NULO. A PARTE **3** É PROVADA MAIS OU MENOS DO MESMO MODO.

O CASO $Q(x) = 1$ IMPLICA QUE QUALQUER POLINÔMIO P (OU SEJA, O NUMERADOR) TEM UM **LIMITE INFINITO NO INFINITO**. POLINÔMIOS NÃO PODEM OSCILAR PARA SEMPRE; UMA HORA ELES DEVEM CRESCER.

$\lim_{x \to \infty} P(x) = \infty$ SE O TERMO DE MAIOR GRAU TIVER COEFICIENTE POSITIVO.

$\lim_{x \to \infty} P(x) = -\infty$ SE O TERMO DE MAIOR GRAU TIVER COEFICIENTE NEGATIVO.

SEM LIMITE

FINALMENTE, VOU TE CONTAR UM SEGREDINHO... ÀS VEZES, NÃO EXISTE LIMITE...

POR EXEMPLO, TANTO O SENO QUANTO O COSSENO NÃO POSSUEM LIMITE QUANDO $x \to \infty$. AMBAS AS FUNÇÕES OSCILAM ENTRE -1 E 1 INDEFINIDAMENTE, À MEDIDA QUE x CRESCE. DADO UM INTERVALO AO REDOR DE UM NÚMERO QUALQUER, OS VALORES DE $sen\,x$ E $cos\,x$ ESCAPAM REPETIDAMENTE DESSE INTERVALO... E, ASSIM, NENHUMA DESSAS FUNÇÕES PODE SE APROXIMAR DE UM LIMITE QUANDO $x \to \infty$.

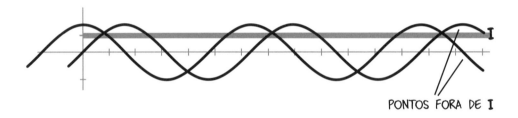

PONTOS FORA DE I

TAMBÉM É POSSÍVEL QUE UMA FUNÇÃO NÃO TENHA LIMITE NUM PONTO FINITO a. O MONSTRO

$$g(x) = sen\left(\frac{1}{x}\right), \quad x \neq 0$$

CHACOALHA AINDA MAIS FORTE À MEDIDA QUE $x \to 0$. g NÃO TEM LIMITE E $x = 0$.

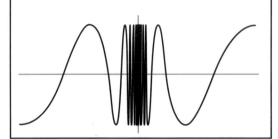

MAS ESTES "CACHORROS LOUCOS" SÃO RAROS, AO MENOS NESTE LIVRO. O CÁLCULO É BASEADO INTEIRAMENTE EM LEVAR AS COISAS AO LIMITE, ASSIM VEREMOS FUNÇÕES PARA AS QUAIS EXISTE LIMITE... VOCÊ PODE ESPERAR APENAS POR CACHORROS DÓCEIS DE AGORA EM DIANTE.

E ENCONTRAR OS LIMITES É, MUITAS VEZES, FÁCIL. COMO VIMOS NA PÁGINA 66, ENCONTRAR $\lim_{x \to a} f(x)$ MUITAS VEZES NADA MAIS É DO QUE SUBSTITUIR a EM f:

$$\lim_{x \to 3} e^x = e^3$$

$$\lim_{x \to 9} \frac{1}{x} = \frac{1}{9}$$

$$\lim_{\theta \to 4} \text{sen}\, \theta = \text{sen}\, 4$$

E DAÍ POR DIANTE...

OS EXEMPLOS MAIS DESAFIADORES DESTE CAPÍTULO FORAM ESTES DOIS:

$$\lim_{x \to 0} \frac{\text{sen}\, x}{x}$$

$$\lim_{x \to \infty} \frac{P(x)}{Q(x)}$$

HUMM... EU... EU NÃO FARIA ISSO...

NÃO É POR COINCIDÊNCIA QUE ESTAS DUAS FUNÇÕES SÃO QUOCIENTES... O DENOMINADOR VAI PARA ZERO OU PARA INFINITO... NÃO ADMIRA QUE SEJAM UM DESAFIO! VOCÊ SIMPLESMENTE NÃO PODE ENCAIXÁ-LAS!!!

0/0 FARÁ ISSO COM VOCÊ...

NO PRÓXIMO CAPÍTULO SÓ TRATAREMOS DE LIMITE DE QUOCIENTES...

PROBLEMAS

ENCONTRE OS LIMITES:

1. $\lim\limits_{x \to 2} 3x$

2. $\lim\limits_{x \to 2} (3x + C)$, C UMA CONSTANTE

3. $\lim\limits_{x \to \infty} \dfrac{x^3 + x + 1}{4x^3 + 17}$

4. $\lim\limits_{x \to -\infty} \dfrac{x^3 + x^2 + 1}{9x^2 + 8}$

5. $\lim\limits_{t \to e^3} 2 \ln t$

6. $\lim\limits_{x \to \infty} \dfrac{\cos x}{x - 1}$

7. $\lim\limits_{x \to 1} \dfrac{x^2 + x - 2}{x - 1}$

DICA: SUBSTITUA $y = 1/(x - 1)$ E ENCONTRE O LIMITE PARA $y \to \infty$. OU ADMITA, $h = x - 1$ E ENCONTRE O LIMITE PARA $h \to 0$.

8. $\lim\limits_{x \to 0} \dfrac{\operatorname{sen} 2x}{x}$

DICA: USE UMA IDENTIDADE TRIGONOMÉTRICA PARA $\operatorname{sen} 2x$.

9. $\lim\limits_{x \to 0} \dfrac{\operatorname{sen} x}{x^2}$

10. $\lim\limits_{x \to 0} x \operatorname{sen}\left(\dfrac{1}{x}\right)$

DICA: USE O TEOREMA SANDUÍCHE.

11. NA PÁGINA 27 DEFINIMOS A FUNÇÃO $f(x) = [x]$ COMO SENDO A PARTE INTEIRA DE x, ISTO É, O MAIOR INTEIRO $\leq x$. AQUI ESTÁ O GRÁFICO DA FUNÇÃO $g(x) = x - [x]$. O $\lim\limits_{x \to 2} (x - [x])$ NÃO EXISTE? E QUANTO A $\lim\limits_{x \to n} (x - [x])$ PARA QUALQUER INTEIRO n?

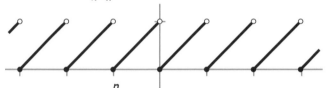

$y = x - [x]$

n

SE NOS APROXIMARMOS DE n PELA **ESQUERDA**, $g(x) \to 1$. SE NOS APROXIMARMOS DE n PELA **DIREITA**, $g(x) \to 0$. ISTO SUGERE A IDEIA DE HAVER **LIMITES À DIREITA E À ESQUERDA**. VOCÊ ACHA QUE ISTO É UMA BOA IDEIA? OS MATEMÁTICOS ACHAM... E ELES OS ESCREVEM DA SEGUINTE FORMA:

$\lim\limits_{x \to a^-} g(x)$ O LIMITE PELA ESQUERDA.

$\lim\limits_{x \to a^+} g(x)$ O LIMITE PELA DIREITA.

PROBLEMA OPCIONAL: ELABORE AS DEFINIÇÕES DETALHADAS!

12. SUPONHA QUE f É UMA FUNÇÃO QUALQUER COM $\lim\limits_{x \to a} f(x) = L$ E $L \neq 0$. USANDO A DEFINIÇÃO DE LIMITE, PROVE QUE EXISTE UM INTERVALO ABERTO J AO REDOR DE x TAL QUE SE x ESTIVER EM J, ENTÃO $|f(x)| > L/2$.

13. MOSTRE QUE ISTO IMPLICA EM QUE SE x ESTIVER EM J, ENTÃO

$$\left| \dfrac{1}{f(x)} - \dfrac{1}{L} \right| < \dfrac{2|f(x) - L|}{L^2}$$

MOSTRE COMO ISTO IMPLICA

$$\lim\limits_{x \to a} \dfrac{1}{f(x)} = \dfrac{1}{L}$$

CAPÍTULO 2
A DERIVADA

GANHANDO VELOCIDADE

AGORA CHEGAMOS AO CORAÇÃO DO CÁLCULO: A **TAXA DE VARIAÇÃO** DE UMA FUNÇÃO. POR EXEMPLO, SEJA A FUNÇÃO $s(t) = t^2$ QUE DESCREVE UM CARRO DESCENDO UMA RAMPA.

PODEMOS ENXERGAR A FUNÇÃO s DE PELO MENOS DUAS MANEIRAS:

1. s ADMITE ENTRADAS t DE UMA LINHA DO TEMPO E APONTA PARA A POSIÇÃO $s(t)$ DO CARRO NA PISTA.

2. O GRÁFICO $y = s(t)$, NESTE CASO $y = t^2$, UMA PARÁBOLA.

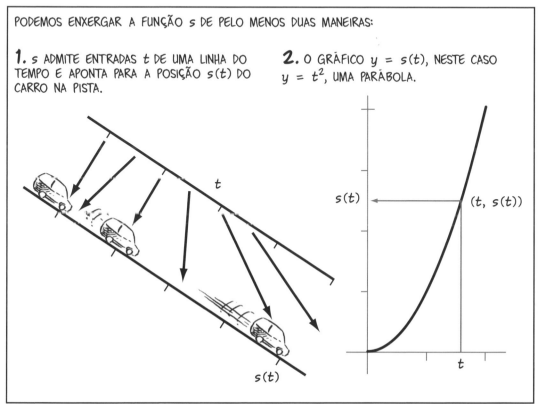

AQUI ESTÃO TRÊS MODOS DE PENSAR SOBRE A VELOCIDADE DO CARRO EM TERMOS DA FUNÇÃO s.

1. NA IMAGEM DA LINHA DO TEMPO, ELA É SIMPLESMENTE A VELOCIDADE DAS PONTAS DAS SETAS DA FUNÇÃO, À MEDIDA QUE ESTAS SE MOVEM AO LONGO DO EIXO S! A PONTA DA SETA COINCIDE COM O CARRO, ASSIM AMBOS TÊM A MESMA VELOCIDADE.

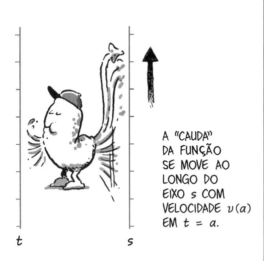

A "CAUDA" DA FUNÇÃO SE MOVE AO LONGO DO EIXO s COM VELOCIDADE $v(a)$ EM $t = a$.

2. NO INSTANTE $t = a$, A VELOCIDADE $v(a)$ É

$$v(a) = \lim_{t \to a} \frac{s(t) - s(a)}{t - a}$$

COMO VIMOS NA PÁGINA 62. A VELOCIDADE **MÉDIA** NO INTERVALO (a, t) SE APROXIMA DA VELOCIDADE **INSTANTÂNEA** À MEDIDA QUE O INTERVALO DIMINUI. COMO ANTES, FAZEMOS $h = t - a$ E REESCREVEMOS O QUOCIENTE DE DIFERENÇAS:

$$\frac{s(a + h) - s(a)}{h}$$

ENTÃO O LIMITE FICA NA FORMA

$$v(a) = \lim_{h \to 0} \frac{s(a + h) - s(a)}{h}$$

NESTE CASO, QUANDO $s(t) = t^2$, PODEMOS DE FATO AVALIAR ESTA EXPRESSÃO:

$$v(a) = \lim_{h \to 0} \frac{(a + h)^2 - a^2}{h}$$

$$= \lim_{h \to 0} \frac{a^2 + 2ah + h^2 - a^2}{h}$$

$$= \lim_{h \to 0} (2a + h)$$

$$= \mathbf{2a}$$

ESTA É A VELOCIDADE DO CARRO NO INSTANTE $t = a$.

3. NO GRÁFICO $y = s(t)$, A VELOCIDADE $v(a)$ NO INSTANTE a É A **INCLINAÇÃO DO GRÁFICO EM $t = a$.**

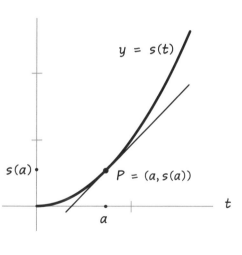

ISTO É VERDADE, POIS NÓS **DEFINIMOS** A INCLINAÇÃO DE UMA CURVA COMO O **LIMITE** DAS INCLINAÇÕES DE LINHAS. A RAZÃO

$$\frac{s(a+h) - s(a)}{h}$$

É A INCLINAÇÃO DE UMA LINHA, OU **CORDA**, QUE UNE DOIS PONTOS DA CURVA:

$P = (a, s(a))$ E
$Q = (a+h, s(a+h))$.

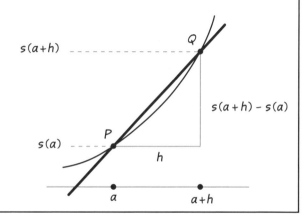

À MEDIDA QUE $h \to 0$, Q DESLIZA EM DIREÇÃO A P E AS INCLINAÇÕES DAS CORDAS PQ, PQ', PQ'' ETC. SE APROXIMAM DE UM VALOR LIMITE, QUE INTERPRETAMOS COMO SENDO A **INCLINAÇÃO DA CURVA** NO PONTO P. SE $s(t) = t^2$, ACABAMOS DE DESCOBRIR QUE ESTA INCLINAÇÃO É $v(a) = 2a$.

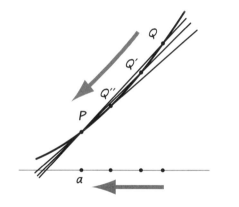

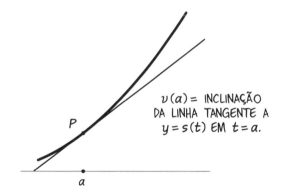

$v(a) =$ INCLINAÇÃO DA LINHA TANGENTE A $y = s(t)$ EM $t = a$.

VOCÊ PERCEBEU QUE ACABAMOS DE DERIVAR? NOSSO RESULTADO É QUE A INCLINAÇÃO DO GRÁFICO $y = t^2$ NO PONTO (a, a^2) É

$$2a$$

NÃO IMPORTA QUAL O VALOR DE a.

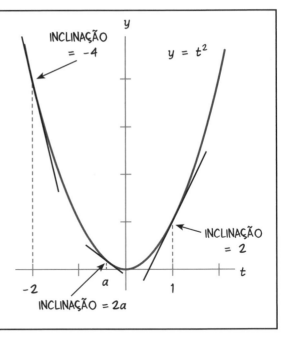

UM RACIOCÍNIO SEMELHANTE DESCOBRE A INCLINAÇÃO DO GRÁFICO DE QUALQUER **FUNÇÃO POTÊNCIA** $y = t^n$ (COM n SENDO UM INTEIRO POSITIVO) NUM PONTO $P = (a, a^n)$. UMA CORDA ENTRE P E UM PONTO VIZINHO $Q = (a + h, (a + h)^n)$ TEM INCLINAÇÃO

$$\frac{(a + h)^n - a^n}{h}$$

ESTA TEM LIMITE QUANDO $h \to 0$? PELA ÁLGEBRA PODEMOS EXPANDIR:

$$(a + h)^n = a^n + na^{n-1}h + C_2h^2 + C_3h^3 + \ldots + h^n$$

ONDE OS COEFICIENTES C_i SÃO CONSTANTES ENVOLVENDO POTÊNCIAS DE a. SUBTRAINDO a^n E DIVIDINDO POR h, OBTEMOS

$$\frac{(a + h)^n - a^n}{h} = na^{n-1} + C_2h + C_3h^2 + \ldots + h^{n-1}$$

NOTA: ESTE ÚLTIMO PASSO USOU O FATO **2** DOS LIMITES: O LIMITE DA SOMA É A SOMA DOS LIMITES.

TODOS OS TERMOS DEPOIS DO PRIMEIRO TÊM LIMITE NULO QUANDO $h \to 0$, ASSIM

$$\lim_{h \to 0} \frac{(a + h)^n - a^n}{h} = na^{n-1}$$

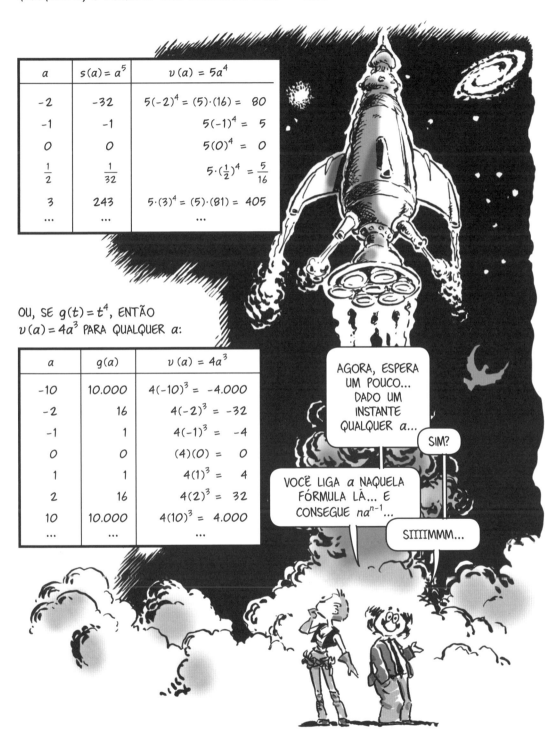

DERIVAMOS UMA **NOVA FUNÇÃO** A PARTIR DE s: ESTA FUNÇÃO DERIVADA, OU SIMPLESMENTE, **DERIVADA** DÁ A INCLINAÇÃO DO GRÁFICO $y = s(t)$ EM CADA PONTO t, UMA INCLINAÇÃO IGUAL À VELOCIDADE NO INSTANTE t.

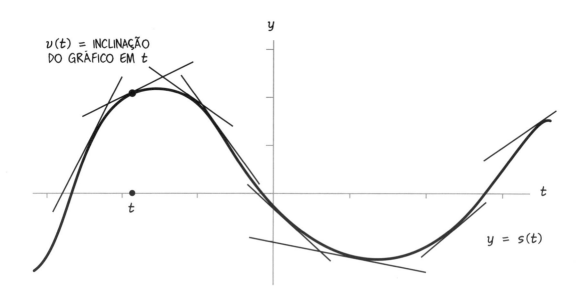

ESTA FUNÇÃO DERIVADA É TÃO ASSOMBROSAMENTE E LARGAMENTE ÚTIL, EM CONTEXTOS QUE VÃO MUITO ALÉM DE CARROS DESCENDO RAMPAS, QUE MERECE SEU PRÓPRIO NOME, DEFINIÇÃO E NOTAÇÃO:

A DERIVADA DEFINIDA:

SE f FOR UMA FUNÇÃO QUALQUER E x É UM PONTO QUALQUER NO SEU DOMÍNIO, A **DERIVADA** DE f, ESCRITA f' (LÊ-SE "EFE LINHA"), É A FUNÇÃO DEFINIDA POR

$$f'(x) = \lim_{h \to 0} \frac{f(x+h) - f(x)}{h}$$

PARA CADA x ONDE ESTE LIMITE EXISTE.

ESTE É **"SÓ"** O CONCEITO CENTRAL DO CÁLCULO!!!

O PROCESSO PARA ENCONTRAR A DERIVADA f' É CHAMADO **DIFERENCIAÇÃO** DA FUNÇÃO f. $f'(x)$ É A INCLINAÇÃO DO GRÁFICO $y = f(x)$ NO PONTO $(x, f(x))$. DE AGORA EM DIANTE, DISPENSAREMOS A LETRA v PARA VELOCIDADE E ESCREVEMOS $s'(t)$. NESTA TERMINOLOGIA NOVA, OS RESULTADOS DAS PÁGINAS ANTERIORES SÃO CONHECIDOS COMO **REGRA DA POTÊNCIA**:

$$\text{SE } f(x) = x^n, \text{ ENTÃO } f'(x) = nx^{n-1}$$

É UM TIPO DE FÓRMULA SIMPLES...

É ISSO QUE A TORNA TÃO LEGAL!!!

VOCÊ PODE VERIFICAR FACILMENTE QUE ELA ESTÁ DE ACORDO COM O QUE ENCONTRAMOS QUANDO $n = 2$. O QUE ACONTECE COM $n = 1$? E COM $n = 0$?

CONHECENDO A DERIVADA DE $f(x) = x^n$, NÓS IMEDIATAMENTE TAMBÉM SABEMOS A DERIVADA DE **QUALQUER POLINÔMIO**, GRAÇAS AO

FATO 1 SOBRE DERIVADAS: SOMAS E CONSTANTES SÃO FÁCEIS!

1a. SE C FOR UMA CONSTANTE E f É UMA FUNÇÃO COM DERIVADA f', ENTÃO $(Cf)' = Cf'$. A CONSTANTE NÃO É AFETADA PELA DERIVAÇÃO.

1b. SE f E g FOREM DUAS FUNÇÕES, ENTÃO

$$(f+g)' = f' + g'.$$

A DERIVADA DA SOMA É A SOMA DAS DERIVADAS.

$(f+g)'(x) =$

$$\lim_{h \to 0} \frac{f(x+h) + g(x+h) - (f(x) + g(x))}{h} =$$

$$\lim_{h \to 0} \frac{f(x+h) - f(x)}{h} + \lim_{h \to 0} \frac{g(x+h) - g(x)}{h} =$$

$f'(x) + g'(x)$

ISTO SIGNIFICA QUE PODEMOS DIFERENCIAR (EXTRAIR A DERIVADA DE) UM POLINÔMIO UM TERMO DE CADA VEZ.

$g(x) = x^9 + x^8 + 2x^2 \qquad g'(x) = 9x^8 + 8x^7 + 4x$

$f(x) = 3x^4 + 6x^2 + 5 \qquad f'(x) = 12x^3 + 12x$

ETC.

$y = C$ TEM INCLINAÇÃO SEMPRE $= 0$

EXEMPLO DA VIDA REAL:

ISAAC NEWTON ESTÁ SALTANDO NUMA CAMA ELÁSTICA MUITO FLEXÍVEL COM UMA MEMBRANA QUE ESTÁ A 1 METRO DE DISTÂNCIA DO SOLO. SE A CAMA LANÇA ISAAC PARA CIMA COM UMA VELOCIDADE INICIAL DE 100 M POR SEGUNDO, ENTÃO, SUA ALTURA s ACIMA DO SOLO (POSIÇÃO VERTICAL, COM O POSITIVO PARA CIMA), MEDIDA EM METROS, É DADA POR

$$s(t) = 1 + 100t - 4,9t^2$$

O QUÃO RÁPIDO ELE ESTARÁ SE MOVENDO APÓS 10 SEGUNDOS? EM QUAL DIREÇÃO?

SOLUÇÃO: A DERIVADA DE s DÁ A VELOCIDADE EM QUALQUER TEMPO. DIFERENCIANDO s, TERMO A TERMO:

$$s'(t) = 100 - (4,9)(2t)$$
$$= 100 - 9,8t \text{ M/S}$$

ESTA É A FÓRMULA GERAL PARA A VELOCIDADE DE NEWTON NUM INSTANTE t. ENCAIXE $t = 10$ SEGUNDOS PARA A RESPOSTA:

$$s'(10) = 100 - (9,8)(10)$$
$$= \mathbf{2} \text{ METROS POR SEGUNDO.}$$

A VELOCIDADE POSITIVA SIGNIFICA QUE NEWTON AINDA ESTÁ SE MOVENDO PARA CIMA NAQUELE INSTANTE!

NOSSA! APÓS 10 SEGUNDOS?

ISTO É A RESISTÊNCIA ELÁSTICA DO CÁLCULO...

VAMOS FAZER AGORA UMA PAUSA MOMENTÂNEA PARA CONTEMPLARMOS A DERIVADA... TODAS AQUELAS PÁGINAS SOBRE LIMITES FORAM UMA INTRODUÇÃO A ESTA IDEIA-CHAVE, O SIMPLES ATO DE COROAR UM f COM UMA PEQUENA MARQUINHA, OU LINHA.

ESTE FOI O PRIMEIRO INSIGHT BRILHANTE DE NEWTON E LEIBNIZ, AO ENXERGAR QUE ESTA FUNÇÃO DERIVADA PODIA TER UMA FÓRMULA SIMPLES E EXATA, QUE, COM UM GOLPE, DESVELAVA OS SEGREDOS DO MOVIMENTO E DA MUDANÇA. TOMA ESTA, ZENO!

EMBORA NEWTON TENHA, POR ACASO, PENSADO A RESPEITO DE VELOCIDADE QUANDO SONHOU COM OS SEUS "FLUXÕES", A IMPORTÂNCIA DA DERIVADA VAI MUITO ALÉM DA VELOCIDADE.

A DESPEITO DO QUE f E x REPRESENTEM, A FRAÇÃO

$$\frac{f(x+h) - f(x)}{h}$$

É A MUDANÇA NO VALOR f RELATIVA A UMA PEQUENA MUDANÇA NA VARIÁVEL x. NO LIMITE, ENTÃO, f' É A **TAXA INSTANTÂNEA DE MUDANÇA DE** f A RESPEITO DE x.

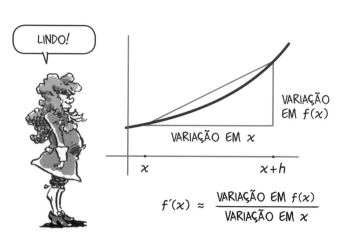

POR EXEMPLO:

SUPONHA QUE UM FLUIDO ESCOA PARA DENTRO OU PARA FORA DE UM TANQUE DE ARMAZENAGEM. SE $V(t)$ É O VOLUME EM LITROS PRESENTE NO TANQUE NO INSTANTE t MINUTOS, ENTÃO

$$V'(t) = \lim_{h \to 0} \frac{V(t+h) - V(t)}{h}$$

É A **VAZÃO** (INSTANTÂNEA) MEDIDA EM LITROS POR MINUTO.

SE $C(t)$ É O CUSTO DE VIDA NO INSTANTE t, ENTÃO

$$C'(t) = \lim_{h \to 0} \frac{C(t+h) - C(t)}{h}$$

É A TAXA NA QUAL O CUSTO VARIA COM O TEMPO t.

MUITAS FUNÇÕES DO MUNDO REAL DEPENDEM DE OUTRAS VARIÁVEIS QUE NÃO O TEMPO. POR EXEMPLO, O AR FICA MAIS RAREFEITO EM MAIORES ALTITUDES. SE $P(x)$ É A PRESSÃO NA ALTITUDE x, ENTÃO

$$P'(x) = \lim_{h \to 0} \frac{P(x+h) - P(x)}{h}$$

É A TAXA DE VARIAÇÃO NA ALTITUDE x PARA A PRESSÃO POR UNIDADE DE ALTITUDE (DIGAMOS, PASCAIS POR METRO), CONHECIDA COMO **GRADIENTE DE PRESSÃO.**

UMA ESTRADA RETA VAI ATÉ AS MONTANHAS. SE $A(x)$ FOR A ALTITUDE NA POSIÇÃO x, ENTÃO

$$A'(x) = \lim_{h \to 0} \frac{A(x+h) - A(x)}{h}$$

É A INCLINAÇÃO REAL OU GRAU DA ESTRADA NO PONTO x. (NÃO HÁ UNIDADES, POIS DIVIDIMOS METROS POR METROS. A INCLINAÇÃO É DADA EM TERMOS DE PERCENTUAL.)

AGORA ESTAMOS PRONTOS PARA COMEÇARMOS A DIFERENCIAÇÃO DE FUNÇÕES ELEMENTARES, MAS PRIMEIRO...

UMA NOTA SOBRE NOTAÇÃO (ESTILO LEIBNIZ)

ESCREVER f' PARA A DERIVADA DE f FAZ COM QUE DUAS COISAS FIQUEM CLARAS:

A) A DERIVADA É UMA FUNÇÃO

B) f' É DERIVADA DA FUNÇÃO f

MAS VOCÊ VERÁ, COM FREQUÊNCIA, A DERIVADA ESCRITA DE MODO TOTALMENTE DIFERENTE. COMO ESTA:

$$\frac{dy}{dx} \quad \text{OU} \quad \frac{df}{dx}$$

ESTA NOTAÇÃO, LARGAMENTE USADA, ENFATIZA OUTROS ASPECTOS DA DERIVADA:

C) SUA ORIGEM COMO QUOCIENTE

D) A VARIÁVEL x A RESPEITO DA QUAL A DERIVADA É OBTIDA

LEIBNIZ INVENTOU A NOTAÇÃO BASEADA NESTE DIAGRAMA. Δx, PRONUNCIA-SE "DELTA XIS", SIGNIFICA A MUDANÇA EM x, OU O QUE NÓS VÍNHAMOS CHAMANDO h. Δf OU Δy É A VARIAÇÃO RESULTANTE NO VALOR DA FUNÇÃO, OU SEJA, $\Delta y = f(x + \Delta x) - f(x)$. O SÍMBOLO Δ (LETRA GREGA MAIÚSCULA DELTA) SIGNIFICA SIMPLESMENTE "A VARIAÇÃO DE..."

NESTA NOTAÇÃO ESCREVERÍAMOS:

$$\frac{dy}{dx} = \lim_{\Delta x \to 0} \frac{\Delta y}{\Delta x} \quad \text{OU}$$

$$\frac{df}{dx} = \lim_{\Delta x \to 0} \frac{\Delta f}{\Delta x}$$

LEIBNIZ ACREDITAVA QUE dx E dy ERAM ALGUM TIPO DE VERSÃO "INFINITAMENTE PEQUENA" DE Δx E Δy E A DERIVADA SERIA O COEFICIENTE DESTES "INFINITÉSIMOS".

EMBORA A IDEIA TENHA SIDO POSTERIORMENTE ABANDONADA PELA MAIORIA DOS MATEMÁTICOS, É REALMENTE MUITO ÚTIL PENSAR NA DERIVADA, PARA TODOS OS PROPÓSITOS PRÁTICOS, COMO UM PEDACINHO DE y DIVIDIDO POR UM PEDACINHO DE x...

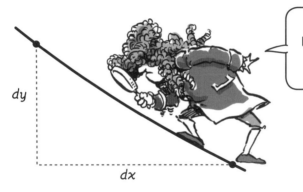

A NOTAÇÃO DE LEIBNIZ É, MUITAS VEZES, MAIS CONVENIENTE - COMEÇANDO AGORA, AO ESCREVERMOS

$$\frac{d}{dx}(x^n), \quad \frac{d}{dx}(\text{sen } x), \quad \text{E.} \quad \frac{d}{dx}(e^x)$$

PARA NOS REFERIRMOS ÀS DERIVADAS DAS FUNÇÕES INDIVIDUAIS. É UMA GRANDE NOTAÇÃO!

ASSIM... ESTAMOS PRONTOS PARA ENCONTRAR $\frac{d}{dx}(\text{sen } x)$?

DERIVADA DO SENO:

$$\frac{d}{d\theta}(\operatorname{sen}\theta) = \cos\theta$$

A DERIVADA DO SENO É O COSSENO.

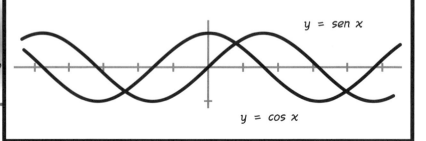

PROVA: PELA DEFINIÇÃO DE DERIVADA, A DERIVADA DO SENO É:

(1) $\lim\limits_{h \to 0} \dfrac{\operatorname{sen}(\theta + h) - \operatorname{sen}\theta}{h}$ SE EXISTIR O LIMITE.

EXPANDINDO $\operatorname{sen}(\theta+h)$ USANDO A IDENTIDADE TRIGONOMÉTRICA, O NUMERADOR TORNA-SE:

$(\operatorname{sen}\theta \cos h + \operatorname{sen} h \cos\theta) - \operatorname{sen}\theta$

ASSIM O QUOCIENTE DE DIFERENÇAS EM (1) É

(2) $\cos\theta \dfrac{\operatorname{sen} h}{h} + \operatorname{sen}\theta \dfrac{\cos h - 1}{h}$

NO ÚLTIMO CAPÍTULO MOSTRAMOS QUE

$\lim\limits_{h \to 0} \dfrac{\operatorname{sen} h}{h} = 1,$

DE MODO QUE O LIMITE DE (2) QUANDO $h \to 0$ SERÁ

(3) $\cos\theta + (\operatorname{sen}\theta) \lim\limits_{h \to 0} \dfrac{\cos h - 1}{h}$

AGORA MOSTRAMOS QUE O ÚLTIMO FATOR É IGUAL A ZERO.

$\lim\limits_{h \to 0} \dfrac{\cos h - 1}{h} = 0$

POIS

$$\dfrac{\cos h - 1}{h} = \left(\dfrac{\cos h - 1}{h}\right)\left(\dfrac{\cos h + 1}{\cos h + 1}\right)$$

$$= \dfrac{\cos^2 h - 1}{h((\cos h) + 1)} = \dfrac{-\operatorname{sen}^2 h}{h(\cos h + 1)}$$

$$= \left(\dfrac{-\operatorname{sen} h}{h}\right)\left(\dfrac{\operatorname{sen} h}{\cos h + 1}\right)$$

$\cos h$ TEM LIMITE IGUAL A 1 QUANDO $h \to 0$, ASSIM O PRODUTO TEM LIMITE

$(-1)\left(\dfrac{0}{2}\right) = 0$ QUANDO $h \to 0$.

SUBSTITUINDO ISTO EM (3), RESULTA:

$$\lim\limits_{h \to 0} \dfrac{\operatorname{sen}(\theta + h) - \operatorname{sen}\theta}{h} = \cos\theta$$

ISTO SIGNIFICA QUE: PARA ENCONTRAR A **INCLINAÇÃO** DA CURVA DO SENO NUM PONTO x, PROCURE PELO **VALOR** DO COSSENO LÁ.

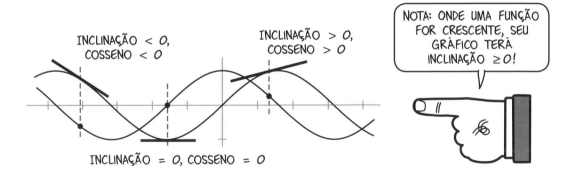

ONDE O SENO É CRESCENTE E SUA CURVA É ASCENDENTE (DIGAMOS, ENTRE $-\pi/2$ E $\pi/2$), POSSUI INCLINAÇÃO POSITIVA E O COSSENO É POSITIVO. ONDE O SENO É DECRESCENTE E SUA CURVA É DESCENDENTE, A INCLINAÇÃO É NEGATIVA, ASSIM COMO OS VALORES DE $\cos x$.

DERIVADA DO COSSENO:

$$\frac{d}{d\theta}(\cos \theta) = -\operatorname{sen} \theta$$

A DERIVADA DO COSSENO É O NEGATIVO DO SENO.

EM VEZ DE PASSAR POR OUTRA TORTURA TRIGONOMÉTRICA, VAMOS SIMPLESMENTE NOTAR QUE A CURVA DO COSSENO É IDÊNTICA À DO SENO, MAS DESLOCADA PARA A ESQUERDA POR $\pi/2$. ASSIM, A DERIVADA DO COSSENO DEVERÁ SER O **PRÓPRIO COSSENO**, DESLOCADO DE MAIS $\pi/2$ PARA A ESQUERDA!

POR OUTRO LADO, ESTE É O SENO DESLOCADO PARA A ESQUERDA POR π UNIDADES, OU $\operatorname{sen}(x + \pi)$. ISTO É O MESMO QUE $-\operatorname{sen} x$, COMO O GRÁFICO DEIXA CLARO (OU VOCÊ PODE RESOLVER ISTO COM IDENTIDADES TRIGONOMÉTRICAS OU NO CÍRCULO UNITÁRIO).

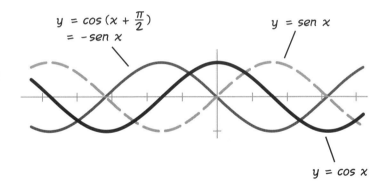

DERIVADA DA EXPONENCIAL:

O SENO E O COSSENO SÃO DERIVADAS DE UM E DO OUTRO (À EXCEÇÃO DE UM SINAL NEGATIVO). A DERIVADA DA EXPONENCIAL É ELA PRÓPRIA!

$$\frac{d}{dx} e^x = e^x$$

ISTO VEM DA EQUAÇÃO $e^{x+h} = e^x e^h$ E DA DEFINIÇÃO DA DERIVADA:

$$\frac{d}{dx} e^x = \lim_{h \to 0} \frac{e^{x+h} - e^x}{h} = \lim_{h \to 0} \frac{e^x e^h - e^x}{h}$$

$$= \lim_{h \to 0} e^x \frac{e^h - 1}{h} = e^x \lim_{h \to 0} \left(\frac{e^h - 1}{h} \right)$$

LEMBRE-SE DE QUE NA DISCUSSÃO SOBRE JUROS COMPOSTOS, NA PÁGINA 38, $e \approx (1 + h)^{1/h}$ QUANDO h É PEQUENO. (PENSE EM h COMO SENDO O TERMO $1/n$ NO EXEMPLO ORIGINAL.) ELEVANDO OS DOIS LADOS À POTÊNCIA h RESULTA $e^h \approx 1+h$, ASSIM

$$\frac{e^h - 1}{h} \approx \frac{(1 + h) - 1}{h} = 1$$

ISTO É, O LIMITE DESTA RAZÃO É IGUAL A 1 QUANDO $h \to 0$, E, ASSIM, A DERIVADA É $e^x \cdot (1) = e^x$.

A **RAZÃO DE AUMENTO** DA FUNÇÃO EXPONENCIAL $Exp(x) = e^x$ É IGUAL AO **VALOR** DA FUNÇÃO NAQUELE PONTO!!

INCLINAÇÃO EM $x = 3$
$= e^3 \approx 20,0$

INCLINAÇÃO EM $x = \frac{3}{2}$
$= e^{\frac{3}{2}} \approx 4,5$

INCLINAÇÃO EM $x = 0$
$= e^0 = 1$

ISTO PODE PARECER SER COMPLETAMENTE BIZARRO, UM POUCO DE MÁGICA MATEMÁTICA, OU MESMO O SEU OPOSTO – QUEM SABE? TALVEZ EXISTAM MUITAS FUNÇÕES QUE TENHAM ELAS MESMAS COMO DERIVADA...

BEM... NÃO, NÃO EXISTEM. A EXPONENCIAL E SEUS MÚLTIPLOS POR CONSTANTES SÃO AS ÚNICAS FUNÇÕES COM ESSA PROPRIEDADE. (VOCÊ FARÁ A PROVA DISTO POR SI MESMO NOS EXERCÍCIOS DA PÁGINA 168.)

SEGUNDO, NÃO É ASSIM TÃO ESTRANHO, QUANDO VOCÊ PENSA EM JUROS COMPOSTOS. O **JURO ACUMULADO POR ANO** É UMA PORCENTAGEM FIXA DA **QUANTIDADE** DE DINHEIRO NA CONTA.

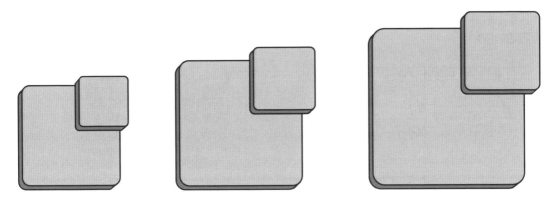

EM OUTRAS PALAVRAS, A **TAXA DE VARIAÇÃO** NO VALOR, EM REAIS POR ANO, É PROPORCIONAL AO PRÓPRIO **VALOR**. SE OS JUROS FOREM COMPOSTOS CONTINUAMENTE, DEVEMOS ESPERAR QUE A **TAXA INSTANTÂNEA DE VARIAÇÃO** DO VALOR V SEJA PROPORCIONAL A V: $V'(t) = cV(t)$ POR ALGUMA CONSTANTE c.

101

DERIVADAS DE PRODUTOS E QUOCIENTES

FAZER A DERIVADA DE SOMAS E PRODUTOS POR CONSTANTES CONTINUA FÁCIL: BASTA SEGUIR TERMO A TERMO (VER PÁGINA 92). POR EXEMPLO,

$$\frac{d}{dx}(5x^2 + \text{sen } x) = 10x + \cos x$$

$$\frac{d}{dt}(e^x + \cos x - 2\text{sen } x) = e^x - \text{sen } x - 2\cos x$$

MAS...

FATO 2 SOBRE DERIVADAS: PRODUTOS SÃO MAIS COMPLICADOS

DE MODO ENFÁTICO, A DERIVADA DE UM PRODUTO fg **NÃO** É O PRODUTO DAS DERIVADAS. A **REGRA PARA O PRODUTO** É:

$$(fg)' = f'g + fg' \quad \text{OU}$$

$$\frac{d}{dx}(fg) = f\frac{dg}{dx} + g\frac{df}{dx}$$

PARA VERMOS PORQUE ESTA REGRA É VERDADEIRA, VAMOS IMAGINAR $f(x)$ E $g(x)$ COMO SENDO OS LADOS DE UM RETÂNGULO COM ÁREA $f(x)g(x)$. ENTÃO, UMA PEQUENA MUDANÇA h EM x PRODUZ MUDANÇAS Δf E Δg EM f E g, OU SEJA, $f(x+h) = f(x) + \Delta f$ E $g(x+h) = g(x) + \Delta g$:

ENTÃO A NOVA ÁREA SE TORNA

$f(x+h)g(x+h) =$
$(f(x) + \Delta f)(g(x) + \Delta g) =$

$f(x)g(x)$
$+ f(x)\Delta g$ — TIRA HORIZONTAL
$+ g(x)\Delta f$ — TIRA VERTICAL
$+ \Delta f \Delta g$ — RETÂNGULO DE CANTO

ÁREA!
ÁREA!

SUBTRAINDO $f(x)g(x)$ DE AMBOS OS LADOS E DIVIDINDO POR h RESULTA:

$$\frac{\Delta(fg)}{h} = f(x)\frac{\Delta g}{h} + g(x)\frac{\Delta f}{h} + \frac{\Delta f \Delta g}{h}$$

O ÚLTIMO TERMO TEM LIMITE NULO PORQUE SE APROXIMA DE 0 ($g'(x)$) À MEDIDA QUE $h \to 0$, ASSIM O LIMITE DA SOMA É

$$\lim_{h \to 0} \frac{\Delta(fg)}{h} = f(x)\frac{\Delta g}{h} + g(x)\frac{\Delta f}{h}$$

$$= f(x)g'(x) + g(x)f'(x)$$

C. Q. D.!
C. Q. D.!

LEIBNIZ DIRIA QUE:

$$d(fg) = f\,dg + g\,df$$

NO LIMITE, A DIFERENCIAL DE fg – O PEDACINHO SOMADO A fg – CONSISTE DAS TIRAS LATERAIS DE TAMANHO $f\,dg$ E $g\,df$, ENQUANTO O PEDAÇO DE TAMANHO $dfdg$ É DESPREZÍVEL.

EM OUTRAS PALAVRAS, PARA DERIVAR O PRODUTO DE DUAS FUNÇÕES, MULTIPLIQUE A PRIMEIRA FUNÇÃO PELA DERIVADA DA SEGUNDA, MULTIPLIQUE A SEGUNDA FUNÇÃO PELA DERIVADA DA PRIMEIRA E DEPOIS SOME OS DOIS TERMOS.

EXEMPLOS:

1. $\frac{d}{dx}(x^2 e^x) = (\frac{d}{dx}(x^2))e^x + x^2 \frac{d}{dx}(e^x)$

$= 2xe^x + x^2 e^x$

2. $\frac{d}{d\theta}(\text{sen }\theta \cos \theta) = (\frac{d}{d\theta}(\text{sen }\theta))\cos\theta + \text{sen }\theta \frac{d}{d\theta}(\cos\theta)$

$= \cos^2\theta - \text{sen}^2\theta$

3. $\frac{d}{dt}(\text{sen}^2 t) = \frac{d}{dt}((\text{sen }t)\cdot(\text{sen }t))$

$= \text{sen }t \cos t + \cos t \text{ sen }t$

$= 2\text{sen }t \cos t$

PARA DIFERENCIAR O PRODUTO DE MAIS QUE DUAS FUNÇÕES, SIGA ESTE MESMO TIPO DE REGRA:

$(fgh)' = f'gh + fg'h + fgh'$

POR EXEMPLO,

$\frac{d}{dx}(x\text{ sen }x \cos x) = 1\cdot\text{sen }x\cos x + x\cos x\cos x + x\text{ sen }x(-\text{sen }x)$

$= \text{sen }x \cos x + x(\cos^2 x - \text{sen}^2 x)$

FATO 3 SOBRE DERIVADAS: QUOCIENTES SÃO ESTRANHOS.

3a. SE f FOR DIFERENCIÁVEL EM x E $f(x) \neq 0$, ENTÃO, $1/f$ TAMBÉM É DIFERENCIÁVEL EM x E

$$\left(\frac{1}{f}\right)'(x) = \frac{-f'(x)}{(f(x))^2}$$

DE ONDE VEIO O SINAL DE MENOS? BEM... f É CRESCENTE SEMPRE QUE $1/f$ FOR DECRESCENTE E VICE-VERSA, ASSIM AS SUAS DERIVADAS DEVEM TER SINAIS OPOSTOS EM QUALQUER PONTO.

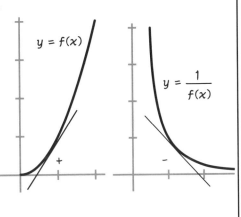

É SIMPLESMENTE ÁLGEBRA:

$$\frac{1}{f(x+h)} - \frac{1}{f(x)} = \frac{f(x) - f(x+h)}{f(x+h)f(x)}$$

OU

$$\Delta\left(\frac{1}{f}\right) = \frac{-\Delta f}{f(x)f(x+h)}$$

ÁLGEBRA! ÁLGEBRA!

DIVIDINDO AMBOS OS LADOS POR h E LEVANDO AO LIMITE PARA $h \to 0$ DÁ O RESULTADO.*

3b. REGRA DO QUOCIENTE: SE f E g SÃO DIFERENCIÁVEIS NUM PONTO $g(x) \neq 0$, ENTÃO f/g É DIFERENCIÁVEL EM x, E

$$\left(\frac{f}{g}\right)'(x) = \frac{f'(x)g(x) - f(x)g'(x)}{g(x)^2}$$

ISTO DECORRE DA DERIVADA DO PRODUTO $f \cdot (1/g)$ E DA APLICAÇÃO DA REGRA **4a**.

---

* NOTE QUE NÃO DIVIDIMOS POR ZERO EM NENHUM LUGAR: $f(x+h) \neq 0$ QUANDO h É PEQUENO O BASTANTE, POIS $f(x) \neq 0$, E $f(x+h)$ FICA PRÓXIMO DE $f(x)$.

EXEMPLO: POTÊNCIAS NEGATIVAS

QUANDO $f(x) = 1/x^n = x^{-n}$, ENTÃO A FÓRMULA INDICA

$$\frac{d}{dx}(x^{-n}) = \frac{d}{dx}\left(\frac{1}{x^n}\right) =$$

$$\frac{-\frac{d}{dx}(x^n)}{x^{2n}} = \frac{-nx^{n-1}}{x^{2n}} = \frac{-n}{x^{n+1}}$$

$$= -nx^{-n-1}$$

$f(x)$	$f'(x)$
$\frac{1}{x}$	$-\frac{1}{x^2}$
$\frac{1}{x^2}$	$-\frac{2}{x^3}$
$\frac{1}{x^3}$	$-\frac{3}{x^4}$
$\frac{1}{x^4}$	$-\frac{4}{x^5}$
$\frac{1}{x^5}$	$-\frac{5}{x^6}$

OU

$f(x)$	$f'(x)$
x^{-1}	$-x^{-2}$
x^{-2}	$-2x^{-3}$
x^{-3}	$-3x^{-4}$
x^{-4}	$-4x^{-5}$
x^{-5}	$-5x^{-6}$
x^{-6}	$-6x^{-7}$

ETC.

POTÊNCIAS NEGATIVAS SEGUEM A MESMA REGRA DAS POTÊNCIAS POSITIVAS: PARA A DIFERENCIAÇÃO, PASSE O EXPOENTE PARA O COEFICIENTE E REDUZA A POTÊNCIA EM 1:

$$\frac{d}{dx}(x^p) = px^{p-1}$$

SENDO **P** UM INTEIRO POSITIVO OU NEGATIVO. VEREMOS NO PRÓXIMO CAPÍTULO QUE ESTA REGRA TAMBÉM SE APLICA ÀS POTÊNCIAS FRACIONÁRIAS.

EXEMPLO: FUNÇÃO TANGENTE

$$\frac{d}{d\theta}\tan\theta = \sec^2\theta$$

PROVA: APLICAMOS A FÓRMULA DO QUOCIENTE A

$$\tan\theta = \frac{\sen\theta}{\cos\theta}$$

AQUI $f = \sen\theta$, $g = \cos\theta$, ASSIM

$$\frac{f'g - fg'}{g^2} =$$

$$\frac{\cos\theta\cos\theta - \sen\theta(-\sen\theta)}{\cos^2\theta} =$$

$$\frac{\cos^2\theta + \sen^2\theta}{\cos^2\theta} = \frac{1}{\cos^2\theta}$$

$$= \sec^2\theta$$

ALGUÉM DISSE QUE O PROPÓSITO DA CIÊNCIA É NOS POUPAR DE PENSAMENTOS DESNECESSÁRIOS, E É ISTO QUE FAZ O CÁLCULO. UMA VEZ QUE SE PENETRE NOS MISTÉRIOS DOS LIMITES E DERIVADAS, O CÁLCULO GERA UM MONTE DE FÓRMULAS SIMPLES QUE DESCREVEM AS TAXAS DE VARIAÇÃO DE FUNÇÕES COMUNS. **METADE DO ASSUNTO É USAR ESTAS FÓRMULAS!**

$\frac{d}{dx}(x^n) = nx^{n-1}$ $n = 0, \pm 1, \pm 2, \ldots$

$\frac{d}{dx}(e^x) = e^x$

$\frac{d}{dx} \operatorname{sen} x = \cos x$

$\frac{d}{dx} \cos x = -\operatorname{sen} x$

$\frac{d}{dx} \tan x = \sec^2 x$ $(\cos x \neq 0)$

$\frac{d}{dx}(C) = 0$ SE C FOR CONSTANTE

$(Cf)' = Cf'$, C É CONSTANTE

$(f + g)' = f' + g'$

$(fg)' = f'g + fg'$

$\left(\frac{f}{g}\right)' = \frac{f'g - fg'}{g^2}$ SEMPRE QUE $g(x) \neq 0$

UMA BOA LISTA, MAS AINDA FALTAM ALGUNS ITENS... NÃO PODEMOS AINDA DIFERENCIAR UMA FUNÇÃO **COMPOSTA**, NEM MESMO UMA SIMPLES COMO $h(x) = e^{2x}$... NEM FUNÇÕES **INVERSAS** TAIS COMO O LOGARITMO, ARCO SENO E ARCO TANGENTE... ESTAS VIRÃO NO PRÓXIMO CAPÍTULO...

MAS, ANTES, POR QUE NÃO RESOLVER ALGUNS

PROBLEMAS?

ENCONTRE AS DERIVADAS DAS FUNÇÕES DADAS:

1. $f(x) = x^3 + 5x + 1$

2. $f(x) = x^3 + 5x + 1.000.000$

3. $P(x) = (\sqrt{x})\ln x$

4. $g(x) = 7$

5. $h(x) = \cos x - \dfrac{5}{\sqrt[3]{x}}$

6. $R(x) = \dfrac{x+1}{x-1}$

7. $u(x) = \dfrac{\cos x}{e^x}$

8. $v(t) = \sec t$

9. $F(x) = \dfrac{1}{\ln x}$

10. $B(\theta) = \tan^2 \theta$

11. $Q(x) = \dfrac{529x}{x^3 - x^2 - x - 1}$

12. $F(p) = \dfrac{\cos p + pe^p}{p^{10} + p^{-2}}$

13. UM PROJÉTIL LANÇADO DIRETAMENTE PARA CIMA A PARTIR DO NÍVEL DO SOLO, COM VELOCIDADE INICIAL v_0 M/S, TEM SUA ALTITUDE NUM INSTANTE t DADA POR:

$$A(t) = -4,9t^2 + v_0 t$$

a. SE UMA BOLA FOR LANÇADA VERTICALMENTE COM VELOCIDADE INICIAL IGUAL A 30 M/S, QUAL SERÁ A SUA VELOCIDADE APÓS 3 SEGUNDOS? E APÓS 5 SEGUNDOS?

b. A MAIOR VELOCIDADE A QUE UMA BOLA PODE SER LANÇADA VERTICALMENTE POR UM HUMANO É IGUAL A 45 M/S. ESTIME QUÃO ALTO A BOLA CHEGA E QUANTO TEMPO DEMORA PARA ELA RETORNAR AO SOLO. (DICA: A VELOCIDADE É POSITIVA ANTES DO ÁPICE E NEGATIVA DEPOIS.)

14. UMA BATATA EM TEMPERATURA AMBIENTE (25 °C) É COLOCADA NUM FORNO A 275 °C. A TEMPERATURA T DA BATATA, EM GRAUS CELSIUS, APÓS t MINUTOS É DADA POR:

$$T(t) = 25 + 250(1 - e^{-0,46t})$$

a. DESENHE UM GRÁFICO DESTA FUNÇÃO. QUÃO RÁPIDO A BATATA AQUECE, EM GRAUS CELSIUS POR MINUTO, APÓS 10 MINUTOS? 20 MINUTOS? 60 MINUTOS? 100 MINUTOS?

b. QUANTOS MINUTOS DEMORA PARA QUE A BATATA ATINJA 274 °C?

15. UMA TRILHA QUE SEGUE NUMA ESTRANHA CADEIA DE MONTANHAS TEM ALTITUDE DADA POR:

$$A(x) = 0,3x\left(1 + \operatorname{sen}\left(\dfrac{x}{20}\right)\right) \text{ metros,}$$

ONDE x É O DESLOCAMENTO HORIZONTAL DESDE O INÍCIO DA TRILHA.

a. DESENHE UMA IMAGEM DA TRILHA.

b. QUAL É A INCLINAÇÃO DA TRILHA EM $x = 100$ METROS? E $x = 1.000$ METROS?

USE A DEFINIÇÃO DE DERIVADA PARA MOSTRAR O SEGUINTE:

16. SE f FOR CRESCENTE NO INTERVALO (a, b) E x É UM PONTO QUALQUER NO INTERVALO, ENTÃO $f'(x) \geq 0$.

17. UMA FUNÇÃO f É CHAMADA **PAR** SE $f(-x) = f(x)$ PARA QUALQUER x. O COSSENO É UM EXEMPLO. f É **ÍMPAR** SE $f(-x) = -f(x)$. O SENO É UM EXEMPLO.

MOSTRE QUE UMA FUNÇÃO PAR TEM UMA DERIVADA ÍMPAR E VICE-VERSA.

CAPÍTULO 3
CADEIA, CADEIA, CADEIA

FUNÇÕES COMPOSTAS, ELEFANTES, RATOS E PULGAS

AGORA ESTAMOS CORRENDO... OU, TALVEZ, AINDA RASTEJANDO... RASTEJANDO ATRÁS DE FÓRMULAS... SENDO ASSIM, VAMOS CONTINUAR RASTEJANDO? ESTE CAPÍTULO COMEÇA COM A DEDUÇÃO DAS DERIVADAS DE TODAS AS FUNÇÕES ELEMENTARES REMANESCENTES E DE FÓRMULAS LEGAIS E SIMPLES...

A CHAVE PARA DERIVAR ESTAS FÓRMULAS (E MUITAS OUTRAS ALÉM DELAS) É ALGO CHAMADO **REGRA DA CADEIA**. COMEÇAREMOS CONTANDO O QUE ELA É, EM SEGUIDA A USAREMOS E, FINALMENTE, VAMOS EXPLICAR PORQUE ELA É VERDADEIRA.

A REGRA DA CADEIA É UM PROCEDIMENTO PARA DERIVAR FUNÇÕES **COMPOSTAS**, FUNÇÕES FEITAS PELA APLICAÇÃO DE UMA FUNÇÃO A OUTRA. (VEJA PÁGINAS 46-47). POR EXEMPLO,

$$h(x) = e^{2x}$$

AQUI A FUNÇÃO INTERNA É $u(x) = 2x$, ENQUANTO A FUNÇÃO EXTERNA É $v(u) = e^u$.

A REGRA DA CADEIA:

PARA DIFERENCIAR UMA COMPOSIÇÃO $h(x) = v(u(x))$, SIGA ESTES PASSOS:

1. DIFERENCIE A FUNÇÃO INTERNA, OU SEJA, ENCONTRE $u'(x)$.

2. TRATE A FUNÇÃO INTERIOR u COMO SE FOSSE UMA VARIÁVEL. DIFERENCIE A FUNÇÃO EXTERNA COM RESPEITO A u, OU SEJA, ENCONTRE $v'(u)$.

3. MULTIPLIQUE OS RESULTADOS DE **1** E **2**.

4. FINALMENTE, SUBSTITUA u POR $u(x)$ EM $v'(u)$.

EM SÍMBOLOS,

$$h'(x) = u'(x) \cdot v'(u(x))$$

ESTA É A CHAVE PARA TUDO!

EU NÃO PRECISO DE UMA CHAVE. EU PRECISO É DE, AHNNN, UMA FÓRMULA...

BOM, ESTA TAMBÉM É A CHAVE DA GELADEIRA...

ISTO PROVAVELMENTE APARENTA SER PIOR DO QUE REALMENTE É. EM ESSÊNCIA, A REGRA DA CADEIA SIMPLESMENTE DIZ PARA MULTIPLICAR A DERIVADA DA FUNÇÃO INTERNA PELA DERIVADA DA FUNÇÃO EXTERNA.

EXEMPLO: COMO APRESENTADO AQUI, SUPONHA $h(x) = e^{2x}$. IREMOS PASSO A PASSO:

1. $u'(x) = 2$

2. $v'(u) = e^u$

3. O PRODUTO É $2e^u$

4. SUBSTITUÍMOS u POR $u(x) = 2x$ PARA OBTERMOS O RESULTADO FINAL:

$$h'(x) = 2e^{2x}$$

EXEMPLO: $G(x) = \text{sen}(x^2)$. A FUNÇÃO INTERNA É $u(x) = x^2$. A FUNÇÃO EXTERNA É $v(u) = \text{sen } u$.

1. $u'(x) = 2x$

2. $v'(u) = \cos u$

3. O PRODUTO É $2x \cos u$

4. ESCREVENDO $u(x) = x^2$ NO LUGAR DE u CHEGA-SE À DERIVADA:

$$G'(x) = 2x\, \text{sen}(x^2)$$

LEMBRE-SE: NO PASSO 2, SEMPRE TRATE A FUNÇÃO INTERNA INTEIRAMENTE COMO SE FOSSE UMA VARIÁVEL!!

O QUE HÁ DE ERRADO?

ESTOU CANSADA DE SER TRATADA COMO UMA VARIÁVEL...

MAIS UM EXEMPLO!

$f(x) = (2x^3 + 3)^8$.

FUNÇÃO INTERNA: $u(x) = 2x^3 + 8$.

FUNÇÃO EXTERNA: $v(u) = u^8$

$$f'(x) = u'(x)q'(u)$$
$$= (6x^2)(8u^7)$$
$$= (6x^2)(8(2x^3 + 3)^7)$$
$$= 48x^2(2x^3 + 3)^7$$

AQUI A REGRA DA CADEIA NOS PERMITE DIFERENCIAR UM POLINÔMIO MONSTRO DE 240 GRAUS, SEM PRIMEIRO TER DE EXPANDI-LO.

DERIVADAS DE FUNÇÕES INVERSAS

A REGRA DA CADEIA PODE NOS AJUDAR A ENCONTRAR A DERIVADA DE UMA INVERSA f^{-1} QUANDO CONHECEMOS A DERIVADA DE f.

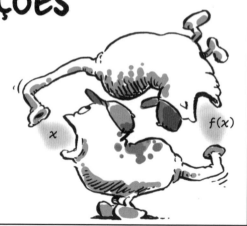

EXEMPLO: SUPONHA $u(x) = \sqrt{x}$ OU $x^{\frac{1}{2}}$, A INVERSA DE $v(u) = u^2$. LOGO, A COMPOSIÇÃO $f(x) = v(u(x)) = x$ E, OBVIAMENTE,

$$f'(x) = 1$$

MAS A REGRA DA CADEIA DÁ OUTRA FÓRMULA PARA $f'(x)$:

$$f'(x) = \underbrace{u'(x)}_{\text{CONHECIDA}} \underbrace{v'(u(x))}_{\text{CONHECIDA}}$$

DESCONHECIDA

IGUALANDO AS DUAS, OBTEMOS:

$$1 = \frac{d}{dx}(x^{\frac{1}{2}}) \frac{d}{du}(u^2) = 2u \frac{d}{dx}(x^{\frac{1}{2}})$$

$$= 2x^{\frac{1}{2}} \frac{d}{dx}(x^{\frac{1}{2}})$$

AGORA DIVIDA POR $2x^{\frac{1}{2}}$ PARA RESOLVER A DERIVADA:

$$\frac{d}{dx}(x^{\frac{1}{2}}) = \frac{1}{2x^{\frac{1}{2}}}$$

OU

$$\boxed{\frac{1}{2}x^{-\frac{1}{2}}}$$

PODEMOS REPETIR OS MESMOS PASSOS PARA
$u(x) = x^{1/n}$ E $v(u) = u^n$: ENTÃO,
$f(x) = v(u(x)) = x$, E DAÍ

$1 = u'(x)v'(u(x))$ DESDE QUE $v'(u(x)) \neq 0$

$\quad = u'(x) \cdot n(x^{1/n})^{n-1}$ DAÍ

$u'(x) = \frac{1}{n}(x^{1/n})^{1-n} = \frac{1}{n}x^{\frac{1-n}{n}}$

$\quad = \frac{1}{n}x^{\frac{1}{n}-1}$

$$\boxed{\frac{d}{dx}(x^{\frac{1}{n}}) = \frac{1}{n}x^{(\frac{1}{n}-1)}}$$

SE $x \neq 0$

O QUE ACABAMOS DE FAZER PARA $x^{\frac{1}{n}}$ E u^n, TAMBÉM PODEMOS FAZER PARA **QUALQUER** PAR DE FUNÇÕES INVERSAS f E f^{-1}: PARA DESCOBRIR $(f^{-1})'$, A DERIVADA DA INVERSA EM TERMOS DE f':

$x = f(f^{-1}(x))$

$1 = \frac{d}{dx}(f(f^{-1}(x))$

$\quad = (f^{-1})'(x) \cdot f'(f^{-1}(x))$ ASSIM

$$\boxed{(f^{-1})'(x) = \frac{1}{f'(f^{-1}(x))}}$$

SE $f'(f^{-1}(x)) \neq 0$

AQUI VÊ-SE COMO FICA NUM GRÁFICO. POR CONTA DE A INVERSA TROCAR x POR y, A INCLINAÇÃO $\Delta y/\Delta x$ DO GRÁFICO DE f PASSA A SER $\Delta x/\Delta y$ NO GRÁFICO DE f^{-1}. VOCÊ TERÁ DE CAÇAR UM POUCO NO GRÁFICO ATÉ ENCONTRAR UM PONTO CERTO ONDE AVALIAR $(f^{-1})'$ ... MAS NÃO SE PREOCUPE! EM BREVE VEREMOS UM DIAGRAMA DIFERENTE QUE TORNA AS COISAS MAIS CLARAS.

INCLINAÇÃO = $m = f'(b)$

$y = x$

(b, a)

INCLINAÇÃO = $(f^{-1})'(a) = \frac{1}{m} = \frac{1}{f'(b)}$

ONDE $b = f^{-1}(a)$

(a, b)

$y = f(x)$
$y = f^{-1}(x)$

POR ORA, VAMOS USAR ESTA FÓRMULA CEGAMENTE, ENCAIXANDO NAS FUNÇÕES INVERSAS PARA ENCONTRAR SUAS DERIVADAS. A SIMPLICIDADE DOS RESULTADOS SURPREENDERÁ VOCÊ...

APLICAMOS A FÓRMULA DE DERIVADA DA INVERSA A TRÊS FUNÇÕES: O **LOGARITMO**, O **ARCO SENO** E O **ARCO TANGENTE**.

1. SEJA $f(u) = e^u$ E $f^{-1}(x) = \ln x$. ENTÃO $f'(u) = e^u$, E

$$\frac{d}{dx}\ln x = \frac{1}{e^{\ln x}} = \boxed{\frac{1}{x}}$$

2. $f(u) = \operatorname{sen} u$, $f^{-1}(x) = \operatorname{arcsen} x$. $f'(u) = \cos u$

$$\frac{d}{dx}(\operatorname{arcsen} x) = \frac{1}{\cos(\operatorname{arcsen} x)}$$

COMO CALCULAMOS O COSSENO DO $\operatorname{arcsen} x$? LEMBRANDO QUE $\operatorname{sen}^2 u + \cos^2 u = 1$.

$\cos u = \sqrt{1 - \operatorname{sen}^2 u}$ ASSIM

$\cos(\operatorname{arcsen} x) = \sqrt{1 - \operatorname{sen}^2(\operatorname{arcsen} x)}$

$\qquad\qquad\qquad = \sqrt{1 - x^2}$ LOGO

$$\frac{d}{dx}(\operatorname{arcsen} x) = \boxed{\frac{1}{\sqrt{1-x^2}}}$$

NOTE QUE NÃO HOUVE PROBLEMA EM TIRAR A RAIZ POSITIVA AQUI: VALORES DO ARCO SENO FICAM ENTRE $-\pi/2$ E $\pi/2$ E, NESTE INTERVALO, O COSSENO É POSITIVO.

3. $f(u) = \tan u$, $f^{-1}(x) = \arctan x$. $f'(u) = \sec^2 x$

$$\frac{d}{dx}(\arctan x) = \frac{1}{\sec^2(\arctan x)}$$

A IDENTIDADE TRIGONOMÉTRICA $\sec^2 x = 1 + \tan^2 x$ DÁ
$\sec^2(\arctan x) = 1 + \tan^2(\arctan x) = 1 + x^2$!!!

$$\frac{d}{dx}\arctan x = \boxed{\frac{1}{1+x^2}}$$

É MUITO ESTRANHO... FUNÇÕES TRIGONOMÉTRICAS E EXPONENCIAIS TÊM DERIVADAS EXTRAÍDAS DE SI MESMAS... MAS SUAS **INVERSAS** TÊM DERIVADAS COMPOSTAS DE **POLINÔMIOS** E **RAÍZES QUADRADAS**. COMO **ISTO** ACONTECEU?

A DERIVADA DO LOGARITMO É TALVEZ A MAIS SURPREENDENTE: x^{-1} PARECE COM A DERIVADA DE UMA FUNÇÃO POTÊNCIA. MAS A REGRA DA POTÊNCIA $\frac{d}{dx}(x^n) = nx^{n-1}$ PODE PRODUZIR DERIVADAS SOMENTE PARA EXPOENTES **DIFERENTES** DE **-1**, UMA VEZ QUE $\frac{d}{dx}(x^0) = 0$.

O LOGARITMO NATURAL PREENCHE PERFEITAMENTE A LACUNA NA LISTA DE POTÊNCIAS:

$f(x)$	$f'(x)$
x^2	$2x$
x	1
$x^0 = 1$	0
$\ln x$	x^{-1}
x^{-1}	$-x^{-2}$
x^{-2}	$-2x^{-3}$
ETC.	

EXEMPLOS DE DERIVADAS ENCONTRADAS PELA REGRA DA CADEIA:

1. $h(x) = x^{\frac{m}{n}}$, $m \in n$ SÃO INTEIROS.
$x^{\frac{m}{n}} = (x^{\frac{1}{n}})^m$, ASSIM

FUNÇÃO INTERNA: $u(x) = x^{\frac{1}{n}}$, $u'(x) = \frac{1}{n}x^{\frac{1}{n}-1}$
FUNÇÃO EXTERNA: $v(u) = u^m$, $v'(u) = mu^{m-1}$

$h'(x) = u'(x)v'(u(x)) = (\frac{1}{n}x^{\frac{1}{n}-1})(mu^{m-1})$

$= (\frac{1}{n}x^{\frac{1}{n}-1})(m(x^{\frac{1}{n}})^{m-1})$

$= \frac{m}{n}x^{(\frac{1-n}{n} + \frac{m-1}{n})}$

$= \frac{m}{n}x^{\frac{m}{n}-1}$

SIM!! A REGRA DE POTÊNCIA NOVAMENTE!

2. $f(x) = \arctan(3x)$

INTERNA: $u(x) = 3x$, $u'(x) = 3$
EXTERNA: $v(u) = \arctan u$, $v'(u) = \frac{1}{1+u^2}$

$f'(x) = u'(x)v'(u(x)) = \frac{3}{1+u^2}$

$= \frac{3}{1+(3x)^2} = \frac{3}{1+9x^2}$

3. $g(x) = f(ax)$, onde A É UMA CONSTANTE

INTERNA: $u(x) = ax$, EXTERNA f, ASSIM

$g'(x) = af'(ax)$

4. $F(x) = \sqrt{1-x^2}$

INTERNA: $u(x) = 1-x^2$, $u'(x) = -2x$
EXTERNA: $v(u) = u^{\frac{1}{2}}$, $v'(u) = \frac{1}{2}u^{-\frac{1}{2}}$

$F'(x) = -2x \cdot (\frac{1}{2}u^{-\frac{1}{2}}) =$

$-2x(\frac{1}{2})(1+x^2)^{-\frac{1}{2}}$

$= \frac{-x}{\sqrt{1-x^2}}$

5. $G(x) = \ln(x^2 + x)$

INTERNA: $u(x) = x^2 + x$, $u'(x) = 2x + 1$
EXTERNA: $v(u) = \ln u$, $v'(u) = 1/u$

$G'(x) = (2x+1)(1/u)$

$= \frac{2x+1}{x^2+x}$

6. $P(t) = (2 + t + 2t^3)^{5/6}$

INTERNA: $u(x) = 2 + t + 2t^3$, $u'(x) = 1 + 6t^2$
EXTERNA: $v(u) = u^{5/6}$, $v'(u) = \frac{5}{6}u^{-1/6}$

$p'(t) = (1+6t^2)(\frac{5}{6}u^{-1/6})$

$= \frac{5}{6}(1+6t^2)(2+t+2t^3)^{-1/6}$

7. $U(x) = (f(x))^n$ PARA CADA FUNÇÃO DIFERENCIAL f, QUALQUER NÚMERO RACIONAL n

INTERNA: $f(x)$, DERIVADA $= f'(x)$
EXTERNA: $v(u) = u^n$, $v'(u) = nu^{n-1}$

$U'(x) = f'(x)(nu^{n-1})$

$= nf'(x)(f(x))^{n-1}$

AGORA ENCONTRAMOS AS DERIVADAS DE TODAS AS FUNÇÕES ELEMENTARES... A PARTIR DESTAS PODEMOS DETERMINAR A DERIVADA DE **QUALQUER** FUNÇÃO COMPOSTA POR COMBINAÇÃO DAS ELEMENTARES, USANDO A ADIÇÃO, A MULTIPLICAÇÃO, A DIVISÃO E A COMPOSIÇÃO. NÓS TEMOS O PODER!

E, SIM, SABEMOS COMO DIFERENCIAR CADEIAS COMPOSTAS POR MAIS DE DUAS FUNÇÕES: BASTA MULTIPLICAR TODAS AS DERIVADAS!

$$\frac{d}{dt}v(u(y(x(t)))) = \frac{dv}{du}\frac{du}{dy}\frac{dy}{dx}\frac{dx}{dt}$$

OU, SE VOCÊ PREFERIR, A OUTRA NOTAÇÃO:
SE $f(t) = v(u(y(x(t))))$, ENTÃO

$$f'(t) = x'(t)y'(x(t))u'(y(x(t)))v'(u(y(x(t))))$$

EXEMPLO DE FUNÇÃO TRIPLA:

$$\frac{d}{dx}\operatorname{sen}(e^{x^2}) = 2xe^{x^2}\cos(e^{x^2})$$

(INTERNA: $u(x) = x^2$, INTERMEDIÁRIA: $v(u) = e^u$,

EXTERNA: $g(v) = \operatorname{sen} v$)

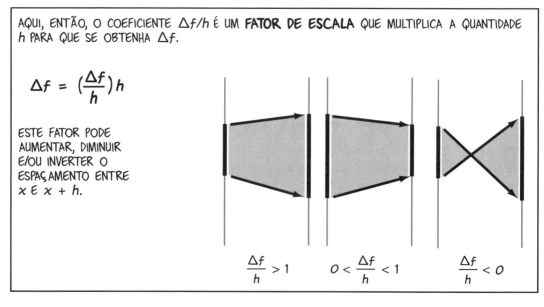

O QUE ACONTECE QUANDO $h \to 0$? NÃO É FÁCIL ENXERGAR... TUDO É PEQUENO DEMAIS... ASSIM, VAMOS FALAR SOBRE **PEQUENEZ**...

ESTA PEQUENEZ É **RELATIVA**... UMA COISA É PEQUENA APENAS EM COMPARAÇÃO A OUTRA. PERTO DE UM **ELEFANTE**, UM **RATO** É PEQUENO, MAS ESSE MESMO RATO CAUSA ESPANTO EM UMA **PULGA**... POR SUA VEZ, O RATO VÊ A PULGA PEQUENA, ENQUANTO PARA O ELEFANTE ELA É DESPREZÍVEL.

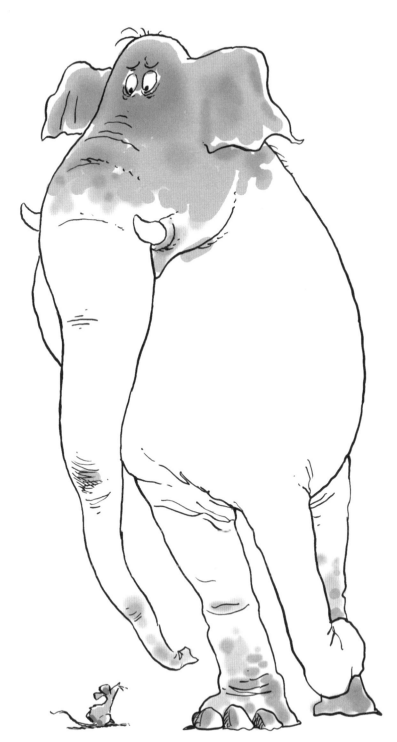

O MESMO ACONTECE COM NÚMEROS... VAMOS IMAGINAR NÚMEROS COMUNS, POR EXEMPLO, a E $f(a)$, COMO SENDO ELEFANTES, SÃO PARTE DE UM MUNDO MACRO. (EU SEI, ALGUMAS VEZES ELES PODEM SER NULOS, MAS NÃO USUALMENTE!)

O INCREMENTO h É ADMITIDO COMO SENDO PEQUENO EM COMPARAÇÃO A UM NÚMERO PAQUIDÉRMICO COMO, DIGAMOS, O 1. EM GERAL, CHAMAREMOS **RATO** QUALQUER COISA QUE SEJA REDUZIDA POR h, OU SEJA, SE

$$\lim_{h \to 0} (\text{RATO}) = 0$$

ASSIM h^2, h^3 E $h^{3/2}$ SÃO TODOS PULGAS. AFINAL, QUANDO $h \to 0$, **ELES** TODOS SÃO PEQUENOS, SE COMPARADOS A h.

$$\lim_{h \to 0} \frac{h^{3/2}}{h} = \lim_{h \to 0} h^{1/2} = 0$$

UMA **PULGA** MATEMÁTICA É ALGO PEQUENO MESMO EM COMPARAÇÃO COM h. POR EXEMPLO, h^2 É UMA PULGA: SE $h = \frac{1}{1000}$, ENTÃO, $h^2 = \frac{1}{1000}$ DE $\frac{1}{1000}$, TÃO PEQUENO COMPARADO A h QUANTO h É EM RELAÇÃO A 1. DIREMOS QUE ALGO É UMA PULGA SE

$$\lim_{h \to 0} \frac{\text{PULGA}}{h} = 0$$

DAS DEFINIÇÕES, SEGUE IMEDIATAMENTE QUE

$$\frac{\text{PULGA}}{h} \text{ É UM RATO}$$

$$h \cdot (\text{RATO}) \text{ É UMA PULGA}$$

120

AGORA VAMOS ESCREVER A DEFINIÇÃO DA DERIVADA NESTES TERMOS ZOOLÓGICOS:

$$\lim_{h \to 0} \frac{\Delta f}{h} = f'(x)$$

$$\lim_{h \to 0} \left(\frac{\Delta f}{h} - f'(x)\right) = 0$$

$$\frac{\Delta f}{h} - f'(x) = \text{RATO}$$

MULTIPLICANDO OS DOIS LADOS POR h OBTÉM-SE

$$\Delta f = hf'(x) + h \cdot \text{RATO}$$

ASSIM

$$\Delta f = hf'(x) + \text{PULGA}$$

DOIS RATOS, QUASE IDÊNTICOS POR MENOS DE UMA PULGA...

EU CHAMO ESTA ÚLTIMA EQUAÇÃO DE **EQUAÇÃO FUNDAMENTAL DO CÁLCULO**. (CLARO, NINGUÉM MAIS FAZ O MESMO, ASSIM NÃO ESPERE VÊ-LA NUMA PROVA...). EU GOSTO DELA PORQUE TUDO NELA É PEQUENO: ELA NOS DÁ, PARA INTERVALOS MUITO CURTOS, UMA VISÃO DAS FUNÇÕES EM "ESCALA DE RATO". DE FATO, GOSTO TANTO DELA QUE VOU ESCREVÊ-LA NOVAMENTE EM LETRAS GARRAFAIS:

$$\Delta f = hf'(x) + \textbf{PULGA}$$

UMA EQUAÇÃO GRANDE A RESPEITO DE COISAS PEQUENAS!

NUM GRÁFICO, ELA IMPLICA ISTO: À MEDIDA QUE h FICA PEQUENO, A DISCREPÂNCIA ENTRE A CURVA $y = f(x)$ E SUA TANGENTE SE TORNA NEGLIGENCIÁVEL, UMA SIMPLES PULGA COMPARADA COM h. SE NOS APROXIMARMOS O SUFICIENTE A CURVA SE TORNA VIRTUALMENTE INDISTINGUÍVEL DE UMA RETA.

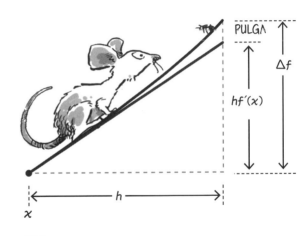

NA FIGURA DOS EIXOS PARALELOS ESTA EQUAÇÃO SIGNIFICA ISTO: NO LIMITE, QUANDO $h \to 0$, PODEMOS SUBSTITUIR O FATOR DE ESCALA $\Delta f/h$ POR $f'(x)$. OU SEJA, A FUNÇÃO **f PONDERA UMA PEQUENA MUDANÇA EM X POR UM FATOR $f'(x)$**, ALÉM DE UMA DISCREPÂNCIA QUE SE TORNA DESPREZÍVEL.

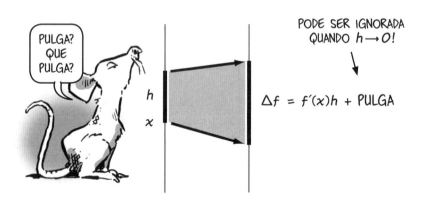

ISTO MOSTRA DE IMEDIATO POR QUE A DERIVADA DE UMA FUNÇÃO INVERSA É O QUE É: A INVERSA f^{-1} **REVERTE AS SETAS DE** f. QUALQUER FATOR DE ESCALA REALIZADO POR f É **MODIFICADO** POR f^{-1}.

OPERA UMA MUDANÇA PEQUENA EM t POR UM FATOR $f'(t)$ (ADMITA QUE $f'(t) \neq 0$)

REVERTENDO AS SETAS, ENTÃO, TEM-SE A "MODIFICAÇÃO" POR UM FATOR $1/f'(t)$.

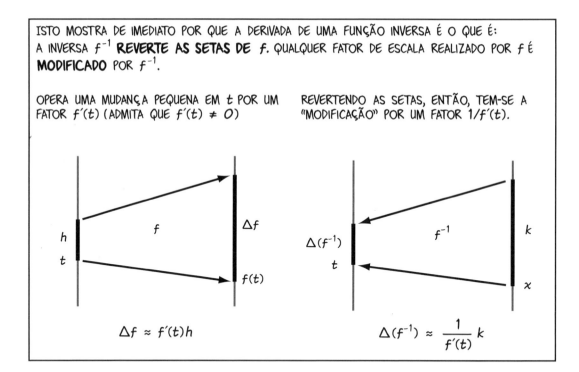

MAS A DERIVADA É O FATOR DE ESCALA! ASSIM, A DERIVADA $(f^{-1})'(x)$ TEM DE SER $1/f'(t)$, E, UMA VEZ QUE $t = f^{-1}(x)$, OBTEMOS A FÓRMULA DA PÁGINA 113:

$$(f^{-1})'(x) = \frac{1}{f'(f^{-1}(x))}$$

PARA A REGRA DA CADEIA, A FIGURA É SEMELHANTE. AGORA TEMOS DUAS FUNÇÕES u E v. A FUNÇÃO INTERNA u ESTÁ NA ESQUERDA, POIS VEM PRIMEIRO, E QUEREMOS VER A DERIVADA DA FUNÇÃO f DEFINIDA POR $f(x) = v(u(x))$.

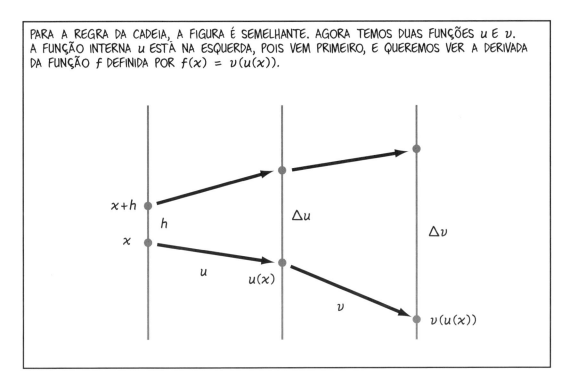

AQUI A QUANTIDADE h É MODIFICADA DUAS VEZES: A PRIMEIRA POR UM FATOR $u'(x)$ E DEPOIS POR UM FATOR v', CALCULADO EM $u(x)$. O EFEITO DAS DUAS FUNÇÕES É, ENTÃO, MODIFICAR h PELO **PRODUTO** $u'(x)v'(u(x))$, ASSIM ESTA DEVE SER A DERIVADA DE f NO PONTO x. (IMAGINE PRIMEIRO DUPLICAR, DEPOIS TRIPLICAR; O EFEITO SERIA MULTIPLICAR POR SEIS.)

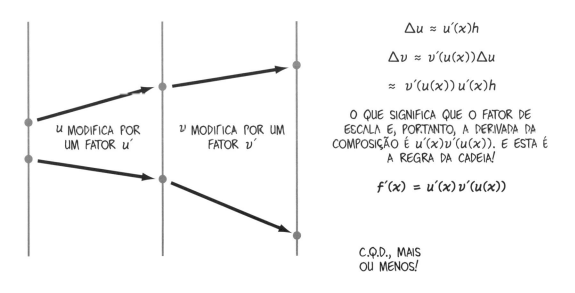

$\Delta u \approx u'(x)h$

$\Delta v \approx v'(u(x))\Delta u$

$\approx v'(u(x))u'(x)h$

O QUE SIGNIFICA QUE O FATOR DE ESCALA E, PORTANTO, A DERIVADA DA COMPOSIÇÃO É $u'(x)v'(u(x))$. E ESTA É A REGRA DA CADEIA!

$f'(x) = u'(x)v'(u(x))$

C.Q.D., MAIS OU MENOS!

PROBLEMAS

1. SUPONHA QUE $f(x) = x^2$ E $g(u) = \cos u$. O QUE É $f(g(u))$? O QUE É $g(f(x))$? FAÇA O GRÁFICO DAS DUAS FUNÇÕES COMPOSTAS. QUAIS SÃO SUAS DERIVADAS?

2. SUPONHA $u(x) = -x^2$ E $v(u) = e^u$. MESMAS QUESTÕES DO PROBLEMA 1.

3. ENCONTRE O DIFERENCIAL:

a. $f(t) = \sqrt{1 + t + t^2}$

b. $g(x) = (\cos^2 x - \operatorname{sen}^2 x)^{25}$

c. $h(\theta) = \tan^2 \theta$

d. $P(r) = (r^2 + 7)^{10}$

e. $Q(r) = (r^2 + 7)^{-10}$

f. $f(y) = \cos(\sqrt{y})$

g. $E(x) = e^{x-a}$

h. $F(x) = e^{\left(\frac{x-a}{2}\right)}$

i. $u(x) = (t^4 + 7)^{3/2}$

j. $v(z) = (\operatorname{sen}(z)^2 + 2)^{-1/3}$

k. $R(x) = \left(\dfrac{t+1}{t-1}\right)^5$

---

4. SE f É DIFERENCIÁVEL, MOSTRE QUE:
$$\frac{d}{dx}\ln(f(x)) = f'(x)/f(x)$$

ESTE RESULTADO, JUNTAMENTE COM A FÓRMULA $\ln(ab) = \ln a + \ln b$, PODE ALGUMAS VEZES SIMPLIFICAR A DIFERENCIAÇÃO, ESPECIALMENTE QUANDO A FUNÇÃO ENVOLVE PRODUTOS E QUOCIENTES. POR EXEMPLO, SUPONHA QUE

$$y = x^2 \cos x \quad \text{ASSIM}$$

$$\ln y = 2\ln x + \ln(\cos x)$$

DIFERENCIANDO COM RESPEITO A x, TEM-SE:

$$\frac{y'}{y} = \frac{2}{x} - \frac{\operatorname{sen} x}{\cos x}$$

TEMOS UMA EXPRESSÃO EXPLÍCITA PARA y (FOI ONDE COMEÇAMOS!), ASSIM PODEMOS MULTIPLICAR OS TERMOS POR y PARA ENCONTRAR y':

$$y' = \left(\frac{2}{x} - \frac{\operatorname{sen} x}{\cos x}\right) x^2 \cos x$$

$$= 2x \cos x - x^2 \operatorname{sen} x$$

5. USE ESTA TÉCNICA DE **DIFERENCIAÇÃO LOGARÍTMICA** PARA ESTAS FUNÇÕES:

a. $f(x) = x^5 e^x (1+x)^{-1/3}$

b. $g(x) = x^{\sqrt{x}}$

c. $h(x) = \dfrac{x+5}{\sqrt[3]{x-8}}$

6a. SE $f(x) = 2 + \operatorname{sen} x$, QUAL É A INVERSA f^{-1}? DESENHE SEU GRÁFICO PARA UM DOMÍNIO ADEQUADO E ENCONTRE $(f^{-1})'(x)$.

DICA: ESCREVA $y = 2 + \operatorname{sen} x$ E RESOLVA PARA x.

b. O MESMO PARA $f(x) = \sqrt{x^2 + 1}$.

c. O MESMO PARA $f(x) = (x-1)^2$.

7. SE $g(u) = 1/u$, E f FOR UMA FUNÇÃO QUALQUER. O QUE É $g(f(x))$? ADMITINDO QUE f E g SEJAM DIFERENCIÁVEIS, USE A REGRA DA CADEIA PARA OBTER A REGRA DA DERIVADA DE QUOCIENTES.

8. MOSTRE QUE SE $F_1(h)$ E $F_2(h)$ SÃO PULGAS, ENTÃO $F_1 + F_2$ TAMBÉM É.

9. QUAL DESTAS FUNÇÕES É UMA PULGA? OU UM RATO? OU NENHUM DOS DOIS?

a. $h^{3/2}$

b. $h^{1/2}$

c. $\dfrac{1-h^2}{h}$

d. $\operatorname{sen} h$

e. $h \cos h$

f. $h + 1$

g. $\cos h - 1$

h. $\Delta f \Delta g$ QUANDO f E g SÃO AMBAS DIFERENCIÁVEIS.

CAPÍTULO 4
USANDO DERIVADAS, PARTE 1: TAXAS RELACIONADAS

NO QUAL REALMENTE FALAREMOS SOBRE O MUNDO REAL

A REGRA DA CADEIA É MAIS DO QUE UMA FÓRMULA PARA ENCONTRAR DERIVADAS: ELA NOS AJUDA A **RESOLVER PROBLEMAS**.

EXEMPLO 1:

UM AVIÃO VOANDO A ALTITUDE CONSTANTE DE 3 KM ESTÁ SENDO RASTREADO POR UMA ESTAÇÃO DE RADAR NO SOLO. NUM DETERMINADO INSTANTE t_0, A EQUIPE DO RADAR AVALIA QUE O AVIÃO ESTÁ A 5 KM DE DISTÂNCIA E ESSA DISTÂNCIA DIMINUI A UMA TAXA DE 320 KM/H. A QUE VELOCIDADE ESTAVA O AVIÃO NO INSTANTE t_0?

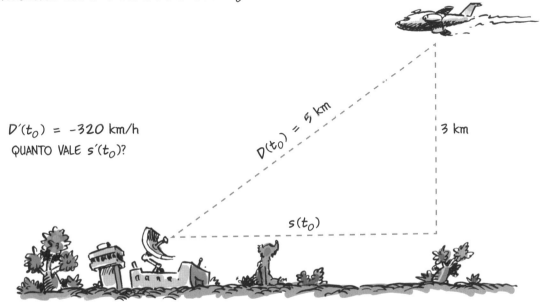

$D'(t_0) = -320$ km/h
QUANTO VALE $s'(t_0)$?

NUM INSTANTE t QUALQUER, O RADAR ESTÁ NUM VÉRTICE DE UM TRIÂNGULO RETÂNGULO OPQ, SENDO A HIPOTENUSA $D(t)$. SE $s(t)$ É O DESLOCAMENTO **HORIZONTAL** DO AVIÃO NUM INSTANTE t, NÓS ESTAMOS PERGUNTANDO QUANTO É $s'(t)$, A DERIVADA DE s?

VOCÊ PODE QUERER SABER COMO ENCONTRAMOS $s'(t)$ QUANDO NÃO TEMOS A **MENOR IDEIA** DE COMO É s. O PILOTO PODE ESTAR ACELERANDO OU DESACELERANDO, COMO UM BÊBADO!

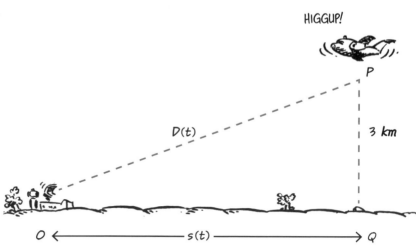

É ISTO O QUE SABEMOS:

$$D^2 - s^2 = 3^2$$ E TAMBÉM

$D(t_0) = 5 \quad s(t_0) = 4 \quad D'(t_0) = -320$

MESMO SEM CONHECER AS FUNÇÕES $s(t)$ E $D(t)$, A PRIMEIRA EQUAÇÃO IMPLICA A EXISTÊNCIA DE UMA RELAÇÃO ENTRE AS SUAS DERIVADAS. PELA REGRA DA CADEIA, PODEMOS ENCONTRAR A DERIVADA DO QUADRADO DE UMA FUNÇÃO: $\frac{d}{dx}(f)^2 = 2f'f$. (VEJA O EXEMPLO 7, PÁGINA 116). ASSIM NÓS DERIVAMOS:

$2DD' - 2ss' = 0$

ASSIM

$s' = \dfrac{DD'}{s}$ SEMPRE QUE $s(t) \neq 0$

ENTÃO, NO INSTANTE t_0,

COM BASE NUMA INFORMAÇÃO OBTIDA NO SOLO, OBTEMOS A VELOCIDADE DE UM AVIÃO EM VOO!

$s'(t_0) = \dfrac{5}{4}(-320) = $ **-400 km/h**

AS DERIVADAS s' E D' SÃO **TAXAS RELACIONADAS.**

DIFERENCIAÇÃO IMPLÍCITA

NO EXEMPLO ANTERIOR, A EQUAÇÃO $D^2 - s^2 = 9$ MOSTRAVA UMA **RELAÇÃO IMPLÍCITA** ENTRE AS DERIVADAS DE D E s. O PROCESSO PARA ENCONTRAR ESTA RELAÇÃO É CHAMADO **DIFERENCIAÇÃO IMPLÍCITA**. NÓS FAZEMOS A DIFERENCIAÇÃO SEM JAMAIS ESCREVER UMA FÓRMULA EXPLÍCITA PARA QUALQUER FUNÇÃO.

EXEMPLO 2: A EQUAÇÃO

$$x^2 + y^2 = 1$$

DESCREVE UM CÍRCULO DE RAIO 1 COM CENTRO NA ORIGEM O. A EQUAÇÃO IMPLICA QUE y É UMA DE DUAS FUNÇÕES DIFERENTES DE x:

$$y = \sqrt{1-x^2} \quad E \quad y = -\sqrt{1-x^2}$$

OS SEMICÍRCULOS SUPERIOR E INFERIOR.

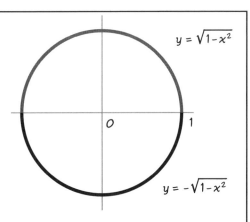

PODEMOS DESCOBRIR $y'(x)$ AO DIFERENCIARMOS ESTAS RAÍZES QUADRADAS, MAS ISTO É CONFUSO – ENTÃO, EM VEZ DISTO, NÓS **IMPLICITAMENTE** DIFERENCIAMOS A EQUAÇÃO ORIGINAL EM RELAÇÃO A x:

$$x^2 + y^2 = 1$$

$$2x + 2yy' = 0 \quad E, \text{ ASSIM,}$$

$$y' = -\frac{x}{y} \quad \text{SEMPRE QUE } y \neq 0$$

$$= \frac{x}{\sqrt{1-x^2}} \quad OU \quad \frac{-x}{\sqrt{1-x^2}} \quad x \neq \pm 1$$

DEPENDENDO DE QUAL SEMICÍRCULO VOCÊ ESCOLHA. COMPARE ESTE COM O EXEMPLO 4 NA PÁGINA 116.

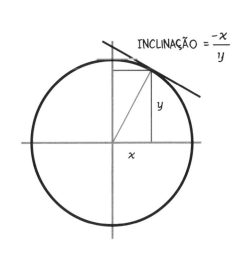

MAIS EXEMPLOS DE TAXAS RELACIONADAS

3. UM TANQUE DE ARMAZENAMENTO DE PETRÓLEO NA COSTA VAZA ÓLEO NA ÁGUA À RAZÃO CONSTANTE DE 2 BARRIS POR MINUTO. UMA EQUIPE DE LIMPEZA, COM O INTUITO DE CONTER O VAZAMENTO USANDO UMA SÉRIE DE BOIAS, PERGUNTA O QUÃO RÁPIDO CRESCE O **PERÍMETRO** DE UMA MANCHA SEMICIRCULAR.

DADO: $V'(t) = 2$, A TAXA DE VARIAÇÃO DE VOLUME

PEDIDO: $C'(t)$, RAZÃO DE MUDANÇA NO PERÍMETRO

VAMOS CONSIDERAR QUE A MANCHA DE ÓLEO TEM ESPESSURA UNIFORME. ASSIM, A ÁREA SERÁ PROPORCIONAL AO VOLUME DA MANCHA. SE 1 BARRIL (BRL) DE ÓLEO COBRE 300 METROS QUADRADOS, ENTÃO NUM INSTANTE t,

$A(t) = (300 \text{ M}^2/\text{BRL}) \cdot (2 \text{ BRL/MIN}) \cdot (t \text{ MIN}) = 600t \text{ M}^2$

$A'(t) = 600 \text{ M}^2/\text{MIN}$

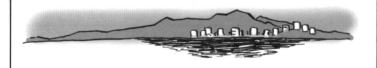

AS TAXAS RELACIONADAS VÊM DA FORMA SEMICIRCULAR DO DERRAMAMENTO:

$C = \pi r, \quad A = \frac{1}{2}\pi r^2,$

ASSIM

$$A = \frac{C^2}{2\pi}$$

DIFERENCIANDO EM RELAÇÃO A t,

$A'(t) = \frac{1}{2\pi} 2C(t)C'(t) = \frac{1}{\pi} C(t)C'(t)$ ASSIM

$C'(t) = \frac{\pi A'}{C(t)} = \frac{600\pi}{C(t)}$ m/min

OK, ALGUÉM AÍ TEM UMA **ROLHA?**

POR EXEMPLO, QUANDO O DERRAMAMENTO TEM 1.000 METROS DE PERÍMETRO ($C = 1.000$), A VELOCIDADE DE CRESCIMENTO DO PERÍMETRO É

$\frac{600\pi}{1.000} \approx (0,6)(3,1416) \approx$ **1,88** METRO POR MINUTO

4. Delta está enchendo com água um copo cônico com 8 cm de altura e 6 cm de diâmetro no topo. Se o volume de água no copo num instante t for $V(t)$, o qual rápido está subindo o **nível** d'água em termos de $V'(t)$?

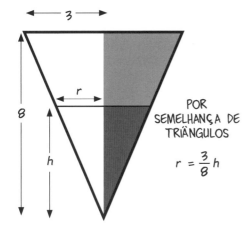

Por semelhança de triângulos

$r = \frac{3}{8}h$

O volume de água é dado por:

(1) $V = \frac{1}{3}\pi r^2 h = \frac{1}{3}\pi(\frac{3}{8}h)^2 h$

$= \frac{1}{3}\pi(\frac{3}{8})^2 h^3$

Agora, diferenciando em relação a t:

$V' = h'\pi(\frac{3}{8})^2 h^2$

O que resulta

(2) $h' = \dfrac{64V'}{9\pi h^2}$

Por exemplo, se a água é colocada sob razão constante de 10 cm³/s, então, quando $h = 4$ cm,

$h' = \dfrac{(64)(10)}{9\pi(16)} \approx \dfrac{640}{452,4}$

$\approx 1{,}41$ cm/s.

A propósito, quando começa a colocar água e $h = 0$, você consegue ver que h' é **infinito?!!**

5. AQUI ESTÁ UM EXEMPLO ANGULAR: NOVAMENTE UM AVIÃO ESTÁ VOANDO A UMA ALTITUDE DE 3 KM, COM VELOCIDADE $s'(t)$. A OBSERVADORA ESTÁ GRAVANDO UM VÍDEO DO AVIÃO E GOSTARIA DE SABER O QUÃO RÁPIDO TERIA DE MODIFICAR O ÂNGULO NO QUAL SUA CÂMERA ESTÁ APONTANDO EM UM ÂNGULO DE 60 GRAUS ($\pi/3$ RADIANOS).

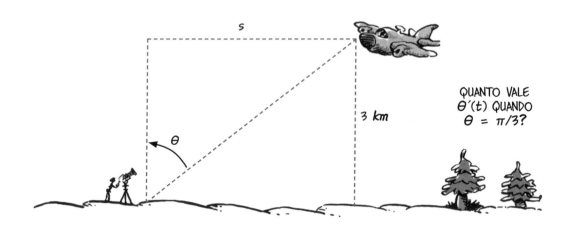

QUANTO VALE $\theta'(t)$ QUANDO $\theta = \pi/3$?

s É O DESLOCAMENTO HORIZONTAL DO AVIÃO VISTO DA OBSERVADORA. A RELAÇÃO ENTRE s E θ É

$$\tan \theta = \frac{s}{3}$$

DIFERENCIANDO EM RELAÇÃO AO TEMPO:

$$\theta' \sec^2 \theta = \frac{s'}{3}$$

DIVIDINDO POR $\sec^2 \theta$ (QUE NUNCA É NULA!),

(1) $\quad \theta' = \frac{1}{3} s' \cos^2 \theta$

SE A VELOCIDADE DO AVIÃO FOR -720 KM/H $= -12$ KM/MIN.*, E $\theta = \pi/3$ RADIANOS, ENTÃO

$\cos \theta = \frac{1}{2}, \; s' = -12,$ E

$\theta' = (\frac{1}{3})(-12)(\frac{1}{4})$

$\quad = -1$ RADIANO POR MINUTO

$\quad = (1)(1/60) \approx 0{,}01667$ RADIANO/S.

O ÂNGULO ESTÁ DIMINUINDO À TAXA DE 0,01667 RADIANO POR SEGUNDO, APROXIMADAMENTE 1 GRAU POR SEGUNDO.

* A VELOCIDADE É NEGATIVA QUANDO O AVIÃO ESTÁ VOANDO NA DIREÇÃO DO OBSERVADOR.

PARA O "ROLO B", VAMOS TIRAR ALGUMA FOTOS DE REAÇÕES COM VOCÊ COÇANDO O QUEIXO E BALANÇANDO A CABEÇA COM AR DE INTELIGENTE...

A CHAVE PARA ENTENDER OS ENUNCIADOS DESTES PROBLEMAS DE TAXAS RELACIONADAS (COMO EM TODOS OS PROBLEMAS) É EXPRESSAR TUDO O QUE VOCÊ SABE DESDE O INÍCIO. SE UMA RELAÇÃO ENTRE DUAS FUNÇÕES APARECE, DIFERENCIE-A IMPLICITAMENTE PARA ENCONTRAR UMA DERIVADA EM TERMOS DA OUTRA.

D É A QUARTA LETRA DO ALFABETO LATINO. S É A DÉCIMA NONA. θ E π SÃO LETRAS GREGAS, MAS NÃO TENHO CERTEZA DA ORDEM DELAS NO ALFABETO GREGO E ESTOU COM PREGUIÇA DE PROCURAR. O TEOREMA DE PITÁGORAS É BATIZADO EM HOMENAGEM A UM SÁBIO GREGO QUE VIVEU NA SICÍLIA. ELE ACREDITAVA QUE APENAS NÚMEROS INTEIROS E RAZÕES DE NÚMEROS INTEIROS FOSSEM REAIS, ASSIM FICOU CHOCADO AO DESCOBRIR QUE $\sqrt{2}$ É IRRACIONAL. O TEOREMA DE PITÁGORAS FOI DEMONSTRADO DE CENTENAS DE MODOS DIFERENTES POR MATEMÁTICOS DE MUITAS CULTURAS. O PRESIDENTE JAMES GARFIELD, UM MATEMÁTICO AMADOR, DESCOBRIU UMA PROVA QUE ERA MUITO SEMELHANTE À PROVA TRADICIONAL CHINESA. OS AVIÕES FORAM INVENTADOS PELOS IRMÃOS WRIGHT EM 1903...

EU NÃO QUIS DIZER **ABSOLUTAMENTE** TUDO O QUE VOCÊ SABE!

AH, POR QUE NÃO FALOU ANTES?

AQUI ESTÃO MAIS ALGUNS EXEMPLOS DE DIFERENCIAÇÃO IMPLÍCITA SEM QUALQUER ENUNCIADO DE PROBLEMA ASSOCIADO: NELES ENCONTRAMOS f' EM TERMOS DE f, g E g', EM QUE TODAS ESTAS FUNÇÕES SÃO ADMITIDAS DEPENDENTES DA VARIÁVEL x.

MAIS UMA COISA QUE EU SEI: É **MUITO** MAIS FÁCIL EXTRAIR FÓRMULAS DO QUE RACIOCINAR DE MODO ABSTRATO!

ESPECIALMENTE QUANDO SOU EU QUEM FAZ A EXTRAÇÃO...

6. $\operatorname{sen} f = \ln g$

$$f'\cos f = \frac{g'}{g}$$

$$f' = \frac{g'\sec f}{g} \quad \text{QUANDO } \cos f \neq 0, g \neq 0$$

7. $f^3 + g^2 = x$

DIFERENCIANDO EM RELAÇÃO A x:

$$3f'f^2 + 2g'g = 1$$

$$f' = \frac{1 - 2g'g}{3f^2} \quad \text{QUANDO } f \neq 0$$

8. $\tan^2 f + \tan f + 1 = g^2$

$$f'(2\tan f)(\sec^2 f) + f'\sec^2 f = 2g'g$$

$$f'(\sec^2 f)(1 + 2\tan f) = 2g'g$$

$$f' = \frac{2g'g\cos^2 f}{1 + 2\tan f} \quad \text{QUANDO} \quad \tan f \neq -\frac{1}{2}$$

131

PROBLEMAS

1. UMA TIGELA SEMIESFÉRICA DE PROFUNDIDADE E RAIO R TEM VOLUME $2\pi R^3/3$. SE CONTÉM ÁGUA ATÉ UMA PROFUNDIDADE h, O VOLUME DE ÁGUA É

$$\pi(R-h)\left(R^2 - \tfrac{1}{3}(R-h)^2\right)$$

(POR ENQUANTO, ACREDITE NESTA FÓRMULA. ELA SERÁ PARTE DE UM EXERCÍCIO NUM CAPÍTULO POSTERIOR.)

SE A ÁGUA FOR DESPEJADA NA TIGELA A UMA TAXA CONSTANTE $V'(t)$, ENTÃO, QUANTO É $h'(t)$ EM TERMOS DE V' E y? (LEMBRE QUE R É CONSTANTE!)

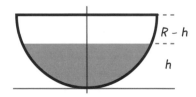

2. IMAGINE UM INSETO CAMINHANDO SOBRE UM FIO ELÍPTICO. A EQUAÇÃO DA ELIPSE É

$$\frac{x^2}{a^2} + \frac{y^2}{b^2} = 1$$

EM CADA INSTANTE DE TEMPO t, O INSETO TEM UMA COORDENADA x, $x(t)$, E UMA COORDENADA y, $y(t)$. A DESPEITO DE COMO POSSAM SER AS FUNÇÕES $x(t)$ E $y(t)$, DEVE SER VERDADE QUE

$$\frac{(x(t))^2}{a^2} + \frac{(y(t))^2}{b^2} = 1$$

ENCONTRE UMA EQUAÇÃO QUE RELACIONE x' E y'.

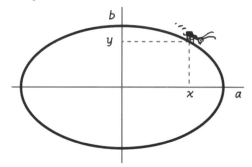

3. UMA COBRA QUE ESTÁ COMENDO O SEU PRÓPRIO RABO FORMA UM CÍRCULO PERFEITO. SE O COMPRIMENTO DA COBRA DIMINUI SEGUNDO UMA RAZÃO C' EM CENTÍMETROS POR HORA, O QUÃO RÁPIDO DIMINUI A ÁREA CIRCUNDADA? OU SEJA, QUANTO É A' EM TERMOS DE C' E C?

4. UMA ESCADA COM 15 METROS DE COMPRIMENTO É APOIADA EM UMA PAREDE ALTA. A BASE DA ESCADA ESCORREGA PARA LONGE DA PAREDE A UMA VELOCIDADE DE 1 METRO POR SEGUNDO. O QUÃO RÁPIDO ESCORREGA O TOPO DA ESCADA QUANDO ESTE ESTÁ A 12 M DO SOLO?

5. UM CARACOL SE ARRASTA AO LONGO DE UM QUADRADO COM 25 CM DE LADO. SE O CARACOL SE MOVE DE A PARA B NUM RITMO CONSTANTE IGUAL A 1 CM/S, QUÃO RÁPIDO ESTÁ SE APROXIMANDO DO PONTO C QUANDO PERCORREU 10 CM? QUÃO RÁPIDO ESTÁ SE AFASTANDO DO PONTO D NESSE MESMO MOMENTO?

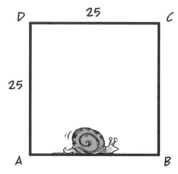

CAPÍTULO 5
USANDO DERIVADAS, PARTE 2: OTIMIZAÇÃO

QUANDO FUNÇÕES CHEGAM NO FUNDO (OU NO TOPO)

NO MUNDO REAL, AS PESSOAS SEMPRE PROCURAM MODOS PARA **OTIMIZAR** AS COISAS... O QUE SIGNIFICA ENCONTRAR O **MELHOR** MODO DE FAZER ALGO... QUEREMOS A MELHOR QUALIDADE - E MÁXIMA QUANTIDADE!

POR EXEMPLO, UMA COMPANHIA DE ENTREGAS QUER MINIMIZAR SEUS CUSTOS COM COMBUSTÍVEL AO BUSCAR UMA ROTA ÓTIMA QUE CONSUMA A MENOR QUANTIDADE DE GASOLINA. UMA COMPANHIA DE PETRÓLEO QUER O OPOSTO!

UM ECÓLOGO TRABALHANDO NUMA COMPANHIA DE PESCA QUER CALCULAR A MÁXIMA QUANTIDADE DE PESCADO COMPATÍVEL COM UMA POPULAÇÃO SUSTENTÁVEL DE PEIXES.

UM FABRICANTE QUER MAXIMIZAR OS LUCROS.

TRAGA-ME UM ESTUDANTE DE CÁLCULO!!

EM TODOS ESTES EXEMPLOS, A SOLUÇÃO ÓTIMA É AQUELA QUE **MAXIMIZA** OU **MINIMIZA** ALGUMA FUNÇÃO.

AQUI ESTÁ A MATEMÁTICA: ➡

UM **MÁXIMO LOCAL** DE UMA FUNÇÃO É UM PONTO a EM QUE O GRÁFICO ATINGE UM TOPO. EM UM MÁXIMO LOCAL a DE UMA FUNÇÃO f, $f(a) \geq f(x)$ PARA TODO x EM ALGUM INTERVALO AO REDOR DE a. UM MÍNIMO LOCAL c É O FUNDO DE UM VALE, EM QUE $f(x) \geq f(c)$ PARA PONTOS x NA VIZINHANÇA. "LOCAL" SIGNIFICA QUE O VALOR DE $f(a)$ É COMPARADO SOMENTE AO DE PONTOS VIZINHOS. PODE HAVER OUTRO MÁXIMO LOCAL b ONDE f É MAIOR, OU SEJA, $f(b) > f(a)$. TANTO O MÁXIMO LOCAL QUANTO O MÍNIMO LOCAL SÃO CHAMADOS **PONTO EXTREMO** LOCAL OU **ÓTIMO** LOCAL.

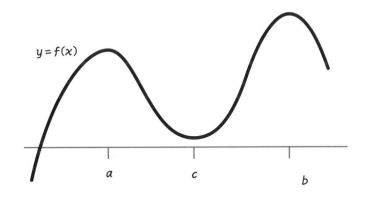

AQUI a E b SÃO OS DOIS MÁXIMOS LOCAIS E $f(b) > f(a)$. c É UM MÍNIMO LOCAL.

FATO 1 SOBRE EXTREMOS:
SE a FOR UM EXTREMO LOCAL DE UMA FUNÇÃO DIFERENCIÁVEL f, ENTÃO

$$f'(a) = 0$$

PROVA: SUPONHA QUE a É UM MÁXIMO LOCAL. ENTÃO, PARA UM h PEQUENO,

$$\frac{f(a+h) - f(a)}{h} \leq 0 \quad \text{QUANDO } h > 0$$

$$\frac{f(a+h) - f(a)}{h} \geq 0 \quad \text{QUANDO } h < 0$$

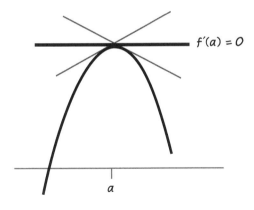

ASSIM, O LIMITE QUANDO $h \to 0$ DEVE SER TANTO NÃO NEGATIVO COMO NÃO POSITIVO, LOGO É IGUAL A ZERO. SE a FOR UM MÍNIMO LOCAL, ENTÃO É UM MÁXIMO LOCAL DE $-f$, ASSIM, NOVAMENTE, A DERIVADA É NULA.

A INCLINAÇÃO DO GRÁFICO EM a ESTÁ MUDANDO DE POSITIVA PARA NEGATIVA, OU VICE-VERSA, E ASSIM CHEGA A ZERO NO PONTO EXTREMO.

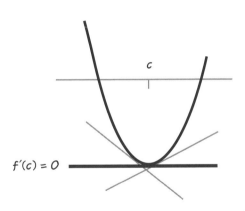

NOSSO CARRO E MOTORISTA PODEM NOS AJUDAR A VER COMO A DERIVADA É NULA NUM PONTO EXTREMO.

SE A DELTA SEGUE ADIANTE COM O CARRO POR UM CERTO PERÍODO E DEPOIS REVERTE A DIREÇÃO NUM INSTANTE $t = a$, ENTÃO, O PONTO DE RETORNO $P = s(a)$ É UM MÁXIMO LOCAL, UM PONTO EXTREMO: ELA VAI ATÉ ELE E NÃO SEGUE ADIANTE.

$P = s(a)$

ATÉ O INSTANTE a, A VELOCIDADE DELA É POSITIVA; APÓS O INSTANTE a, É NEGATIVA.

$t \leq a$
$v(t) \geq 0$

$t \geq a$
$v(t) \leq 0$

NO MOMENTO PRECISO $t = a$ QUANDO O CARRO ATINGE O PONTO EXTREMO, SUA VELOCIDADE MUDA DE POSITIVA PARA NEGATIVA E, ASSIM, DEVE SER IGUAL A ZERO. $s'(a) = 0$.

$P = s(a)$

O MESMO SERIA VERDADEIRO SE DELTA COMEÇOU DANDO RÉ E DEPOIS REVERTEU O CURSO, INDO PARA A FRENTE. ENTÃO, O PONTO DE RETORNO SERIA UMA POSIÇÃO DE MÍNIMO EM QUE A VELOCIDADE TAMBÉM TERIA DE SER IGUAL A ZERO.

$P = s(a)$

NOTA: A VELOCIDADE TAMBÉM PODE SER NULA NAS VEZES EM QUE NÃO HÁ PONTOS EXTREMOS. O CARRO PODE RODAR ATÉ PARADA E DEPOIS SEGUIR ADIANTE, COMO ACONTECE NUMA PLACA DE PARE. NUM INSTANTE COMO ESTE, VAMOS CHAMÁ-LO b, $s'(b)$ É IGUAL A 0, MAS $s(b)$ NÃO É UMA POSIÇÃO EXTREMA!

$P = s(b)$

ASSIM: PARA ENCONTRAR OS EXTREMOS DE UMA FUNÇÃO f, PROCURAMOS POR ENTRADAS a PARA AS QUAIS $f'(a) = 0$.

MAS: UMA VEZ QUE AS ENCONTRAMOS, **DEVEMOS VERIFICAR** SE a É REALMENTE UM PONTO EXTREMO DE UMA FUNÇÃO OU MERAMENTE UMA "PLACA DE PARE".

CONFUSA?

NÃO, SÓ ESTOU CANSADA DE SER FEITA DE EXEMPLO...

EXEMPLO 1: AQUI ESTÁ NEWTON MAIS UMA VEZ NA CAMA ELÁSTICA. A MEMBRANA ESTÁ A 1 METRO DO SOLO E AINDA O LANÇA PARA CIMA A UMA VELOCIDADE DE 100 M/S. A ALTITUDE DE NEWTON, EM METROS, É ENTÃO DADA POR:

$$h(t) = -4,9t^2 + 100t + 1,$$

A QUESTÃO AGORA É: O QUÃO ALTO CHEGA O ISAAC? QUAL A SUA ALTITUDE **MÁXIMA**?

COMEÇAMOS OBTENDO A DERIVADA DE h:

$$h'(t) = -9,8t + 100 \text{ M/S}$$

EM SEGUIDA PERGUNTAMOS: **QUANDO $h'(t) = 0$?** FAÇA A EXPRESSÃO ACIMA IGUAL A ZERO E ENCONTRE t:

$$h'(t) = 0$$

$$-9,8t + 100 = 0$$

$$t = \frac{100}{9,8} = \mathbf{10{,}20} \text{ s}.$$

$t = 10,2$ SEGUNDOS É O **INSTANTE** EM QUE NEWTON ATINGE A ALTITUDE MÁXIMA. PARA ENCONTRAR A ALTITUDE ATINGIDA NESTE INSTANTE, DEVEMOS SUBSTITUIR 10,2 EM $h(t)$:

$$h(10,2) = (-4,9)(10,2)^2 + (100)(10,2) + 1$$

$$= \mathbf{1{,}125} \text{ METRO}$$

PARA NOS ASSEGURARMOS DE QUE REALMENTE ENCONTRAMOS UM MÁXIMO, VAMOS REPETIR O SALTO EM CÂMERA SUPERLENTA:

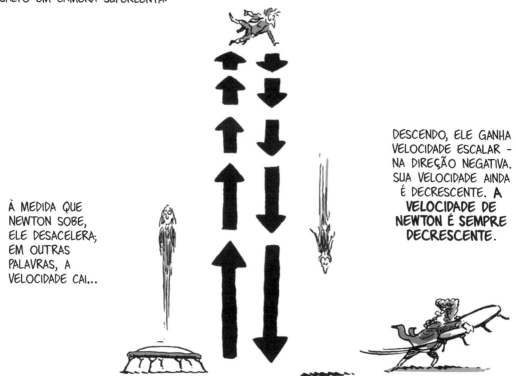

À MEDIDA QUE NEWTON SOBE, ELE DESACELERA; EM OUTRAS PALAVRAS, A VELOCIDADE CAI...

DESCENDO, ELE GANHA VELOCIDADE ESCALAR – NA DIREÇÃO NEGATIVA. SUA VELOCIDADE AINDA É DECRESCENTE. **A VELOCIDADE DE NEWTON É SEMPRE DECRESCENTE.**

APENAS NO TOPO, EM $t = 10{,}20$ SEGUNDOS, É QUE SUA VELOCIDADE É PRECISAMENTE IGUAL A ZERO. NESTE MESMO INSTANTE ELE NÃO ESTÁ SUBINDO NEM DESCENDO, MAS SUA VELOCIDADE ESTÁ CAINDO AQUI TAMBÉM, MUDANDO DE POSITIVA PARA NEGATIVA.

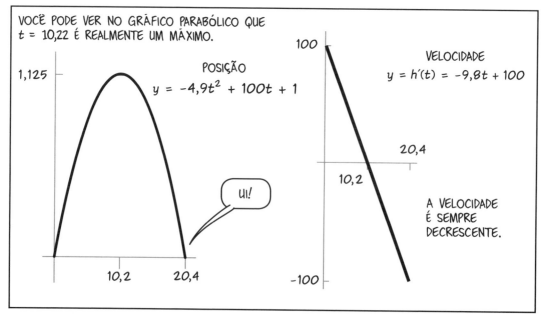

VOCÊ PODE VER NO GRÁFICO PARABÓLICO QUE $t = 10{,}22$ É REALMENTE UM MÁXIMO.

POSIÇÃO
$y = -4{,}9t^2 + 100t + 1$

VELOCIDADE
$y = h'(t) = -9{,}8t + 100$

A VELOCIDADE É SEMPRE DECRESCENTE.

UI!

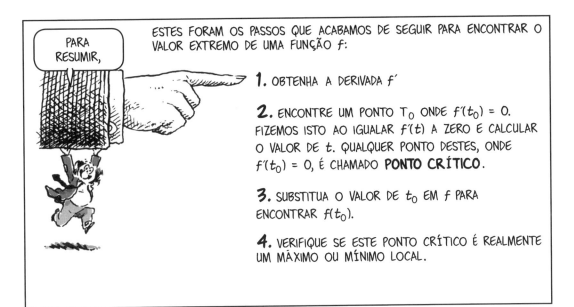

SEGUIMOS O MESMO PROCEDIMENTO EM TODOS OS PROBLEMAS DE OTIMIZAÇÃO. CLARO, EM OUTRAS SITUAÇÕES PODE EXISTIR MAIS DE UM PONTO CRÍTICO; TIVEMOS SORTE COM A CAMA ELÁSTICA...

AQUI ESTÁ MAIS UM EXEMPLO...

EM NEGÓCIOS, O LUCRO DEPENDE DO NÚMERO DE UNIDADES VENDIDAS.

EXEMPLO 2: A FAZENDA **SQUEEZ-U** VENDE SEU AZEITE PREMIUM POR R$ 100 A GARRAFA. A VENDA DE UMA QUANTIDADE q DE GARRAFAS GERA UMA **RECEITA** $R(q)$ IGUAL A $100q$. MAS EXISTEM OS **CUSTOS**, C, QUE TAMBÉM DEPENDEM DE q, CONFORME A FÓRMULA

$$C(q) = 800.000 + 4q^{\frac{5}{4}}.$$

(OS CUSTOS INCLUEM OS CUSTOS INICIAIS DE R$ 800.000 PARA A TERRA, PRENSAS, EQUIPAMENTO DE ENGARRAFAR, OLIVEIRAS, MAIS AS DESPESAS CORRENTES PARA SALÁRIOS, TARIFAS DE TRANSPORTE E ARMAZENAMENTO, GARRAFAS, FERTILIZANTES, MANUTENÇÃO, TRATAMENTO DOS REJEITOS...)

O **LUCRO** P É A DIFERENÇA ENTRE A RECEITA E O CUSTO. O LUCRO É UMA FUNÇÃO DE q. DEPENDE DE QUANTO FOI VENDIDO.

$$P(q) = R(q) - C(q)$$

QUANTAS GARRAFAS DEVE VENDER A SQUEEZ-U PARA **MAXIMIZAR** O LUCRO E QUANTO DE LUCRO PODE SER OBTIDO?

1. ENCONTRAMOS A DERIVADA DE P EM RELAÇÃO A q - A TAXA DE VARIAÇÃO DO LUCRO POR UNIDADE VENDIDA.

$$P(q) = 100q - 800.000 - 4q^{\frac{5}{4}}$$

$$P'(q) = 100 - 5q^{\frac{1}{4}}$$

2. FAZEMOS $P'(q) = 0$ E ENCONTRAMOS O VALOR DE q.

$$100 - 5q^{\frac{1}{4}} = 0$$

$$q^{\frac{1}{4}} = 20$$

$$q = (20)^4 = 160.000 \text{ GARRAFAS}$$

3. ENCONTRAMOS O LUCRO OBTIDO AO VENDER 160.000 GARRAFAS.

$$P(160.000) =$$

$$= (100)(160.000) - 800.000 - (160.000)^{\frac{5}{4}}$$

$$= 16.000.000 - 800.000 - 3.200.000$$

$$= \textbf{R\$ 12 MILHÕES}$$

4. VERIFIQUE QUE $P(q)$ ATINGE UM MÁXIMO EM $q = 160.000$. SE q FOR UM POUCO MENOR, DIGAMOS 150.000 UNIDADES, ENTÃO

$$P(150.000) =$$

$$(100)(150.000) - 800.000 - (150.000)^{\frac{5}{4}}$$

$$\approx 15.000.000 - 3.751.985$$

$$= 11 \text{ MILHÕES E QUEBRADOS.}$$

ISTO DÁ MENOS QUE 12 MILHÕES. VOCÊ PODE TENTAR $q = 170.000$ E OUTROS VALORES POR SI MESMO.

UM TESTE MELHOR

UM DOS NOSSOS QUATRO PASSOS DE OTIMIZAÇÃO É UM POUCO ESQUISITO: O ÚLTIMO. APÓS TER ENCONTRADO UM PONTO CRÍTICO – UM PONTO ONDE A DERIVADA É NULA – É TRABALHOSO TER DE CALCULAR A FUNÇÃO EM PONTOS "VIZINHOS"... É DEMORADO... DESELEGANTE!

DE FATO, FAZER DESTE MODO NÃO GARANTE NADA. E SE VERIFICARMOS COM PONTOS QUE NÃO SÃO "PRÓXIMOS" O SUFICIENTE? AQUI ESTÁ UM GRÁFICO COM UM MÍNIMO LOCAL EM a... MAS SE CALHAR DE ESCOLHERMOS O PONTO b PARA A COMPARAÇÃO, ENCONTRARÍAMOS $f(b) < f(a)$ E PODEMOS CONCLUIR QUE $f(a)$ ERA UM MÁXIMO E NÃO UM MÍNIMO.

PRECISAMOS DE UM TESTE MELHOR!

SENDO ESTE UM LIVRO DE CÁLCULO, QUEREMOS ALGO QUE USE A DERIVADA. PODERÍAMOS PERGUNTAR, POR EXEMPLO, **COMO A DERIVADA ESTÁ MUDANDO?**

AO REDOR DE UM MÁXIMO, A DERIVADA $f'(x)$ VAI DE POSITIVA A NEGATIVA... ENQUANTO, EM UM MÍNIMO, f' VAI DE NEGATIVA A POSITIVA. EM PARTICULAR, NUM **MÁXIMO** f' ESTÁ **DIMINUINDO**; NUM **MÍNIMO**, f' ESTÁ **AUMENTANDO**.

AGORA FALAMOS SOBRE COMO f' ESTÁ MUDANDO - AUMENTANDO OU DIMINUINDO - E MUDANÇAS SÃO DESCRITAS POR DERIVADAS... ASSIM, ESSAS MUDANÇAS EM f' SERÃO DESCRITAS PELA **DERIVADA DA DERIVADA** $(f')'$ OU SIMPLESMENTE f'', A **SEGUNDA DERIVADA** DE f.

AS FUNÇÕES ELEMENTARES PODEM SER DERIVADAS SEGUIDAMENTE, QUANTAS VEZES VOCÊ QUISER, PARA OBTER A PRIMEIRA, SEGUNDA, TERCEIRA, ... n-ÉSIMA DERIVADA:

$f(x)$	x^5	$\operatorname{sen} x$
$f'(x)$	$5x^4$	$\cos x$
$f''(x)$	$20x^3$	$-\operatorname{sen} x$
$f'''(x)$	$60x^2$	$-\cos x$
$f^{(4)}(x)$	$120x$	$\operatorname{sen} x$
$f^{(5)}(x)$	120	$\cos x$
$f^{(6)}(x)$	0	$-\operatorname{sen} x$
$f^{(7)}(x)$	0	$-\cos x$
...	...	...

ELAS NÃO ACABAM!

MAS O QUE ELAS SIGNIFICAM?

BEM, **OBVIAMENTE** SOU A TAXA DE VARIAÇÃO DA TAXA DE VARIAÇÃO DA TAXA DE VARIAÇÃO DA...

NO QUE DIZ RESPEITO A MOVIMENTO, A SEGUNDA DERIVADA DA POSIÇÃO É, AO MENOS, FAMILIAR: É A **ACELERAÇÃO**, A TAXA DE VARIAÇÃO DA VELOCIDADE.

$s(t)$ = POSIÇÃO NO INSTANTE t

$s'(t) = v(t)$ = VELOCIDADE NO INSTANTE t

$s''(t) = v'(t) = a(t)$ = ACELERAÇÃO NO INSTANTE t

E O LEGAL DA ACELERAÇÃO É QUE VOCÊ A **SENTE**...

QUANDO UM CARRO ACELERA, OU SEJA, A VELOCIDADE AUMENTA, VOCÊ SENTE SER EMPURRADO CONTRA O BANCO.*

QUANDO DESACELERA (A VELOCIDADE CAI), VOCÊ É ATIRADO PARA A FRENTE.

ISAAC NEWTON (ELE DE NOVO!) A ENUNCIOU COMO UMA LEI NATURAL, A SUA SEGUNDA: FORÇA É DIRETAMENTE PROPORCIONAL A MASSA E ACELERAÇÃO.

$F = MA$
VOCÊ NÃO SABE?

UM JOGO BASEADO EM ROUBO?

O FATO DE A ACELERAÇÃO ACOMPANHAR A FORÇA SIGNIFICA QUE PODEMOS FABRICAR INSTRUMENTOS PARA MEDIR A ACELERAÇÃO: **ACELERÔMETROS**. DEPOIS OS COLOCAMOS EM SMARTPHONES, TABLETS E CÂMERAS DIGITAIS DE MODO QUE RESPONDAM A TREMIDAS E ROTAÇÃO.

* NA VERDADE, VOCÊ SENTE O BANCO TE EMPURRANDO.

GRAFICAMENTE, f'' DESCREVE A **CONCAVIDADE** DE f: QUANDO A INCLINAÇÃO $f'(x)$ ESTÁ AUMENTANDO, $f''(x) \geq 0$. ESTA PARTE DO GRÁFICO TEM **CONCAVIDADE VOLTADA PARA CIMA**. QUANDO f' É DECRESCENTE, $f'' \leq 0$, E O GRÁFICO TEM **CONCAVIDADE VOLTADA PARA BAIXO**. UM PONTO c, EM QUE O GRÁFICO MUDA DE CONCAVIDADE, É DENOMINADO **PONTO DE INFLEXÃO**, E NELE $f''(c) = 0$.

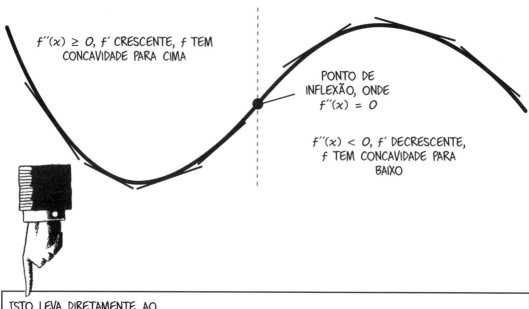

$f''(x) \geq 0$, f' CRESCENTE, f TEM CONCAVIDADE PARA CIMA

PONTO DE INFLEXÃO, ONDE $f''(x) = 0$

$f''(x) < 0$, f' DECRESCENTE, f TEM CONCAVIDADE PARA BAIXO

ISTO LEVA DIRETAMENTE AO

TESTE DA SEGUNDA DERIVADA:

SE a FOR UM PONTO NO INTERIOR DE ALGUM INTERVALO ONDE f É DIFERENCIÁVEL E $f'(a) = 0$, ENTÃO:

SE $f''(a) < 0$, a É UM MÁXIMO LOCAL DE f

SE $f''(a) > 0$, a É UM MÍNIMO LOCAL DE f

POIS UM MÁXIMO FICA NO TOPO DE UMA ELEVAÇÃO E UM MÍNIMO FICA NO FUNDO DE UM VALE.

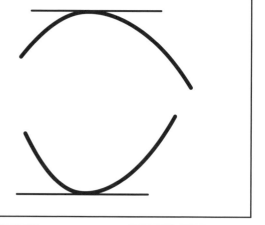

PARA CIMA COMO UMA XÍCARA!

PARA BAIXO COMO... HUM...

COMO MINHA CABEÇA NA SEGUNDA DE MANHÃ?

EXEMPLO 3: A FAZENDEIRA FREDI QUER COLOCAR UM CURRAL RETANGULAR PARA OVELHAS JUNTO À LATERAL DO SEU ESTÁBULO. ELA TEM 80 METROS DE TÁBUAS COM AS QUAIS QUER CONSTRUIR AS OUTRAS TRÊS LATERAIS. QUAL A **MÁXIMA ÁREA** QUE ELA PODE CERCAR?

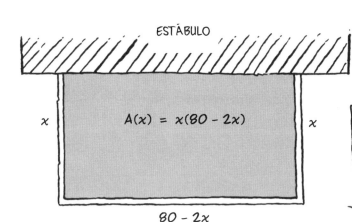

QUEREMOS ENCONTRAR O COMPRIMENTO x QUE MAXIMIZA $A(x)$.

1. DERIVAMOS $A(x)$:

$A(x) = x(80 - 2x) = 80x - 2x^2$

$A'(x) = 80 - 4x$

2. FAZEMOS $A'(x) = 0$ E ENCONTRAMOS x.

$80 - 4x = 0$

$x = 20$

AGORA PASSAMOS DIRETO AO PASSO 4, TESTAR SE ESTE É REALMENTE UM MÁXIMO:

4. VERIFICAMOS O SINAL DA SEGUNDA DERIVADA:

$$A''(x) = -4 < 0$$

A'' É SEMPRE NEGATIVA: PELO TESTE DA SEGUNDA DERIVADA, $x = 20$ É UM **MÁXIMO**. E AGORA VAMOS AO PASSO 3!

3. NO MÁXIMO, A CERCA ABRANGE:

$A(20) = 1600 - 800$

$= \mathbf{800} \, \text{M}^2$

EXEMPLO 4:

A **BRUTISH PETROLEUM CORP.** QUER CONSTRUIR UMA TUBULAÇÃO DE UM DE SEUS TANQUES PARA UMA INSTALAÇÃO QUE ESTÁ NA OUTRA MARGEM DO RIO. O RIO TEM 2 KM DE LARGURA E O DESTINO ESTÁ 9 KM RIO ABAIXO. INFELIZMENTE É MAIS CARO COLOCAR OS TUBOS NA ÁGUA DO QUE EM TERRA; R$ 4 POR METRO NA TERRA CONTRA R$ 8 SOBRE A ÁGUA. QUAL O **TRAÇADO MAIS BARATO** PARA A TUBULAÇÃO?

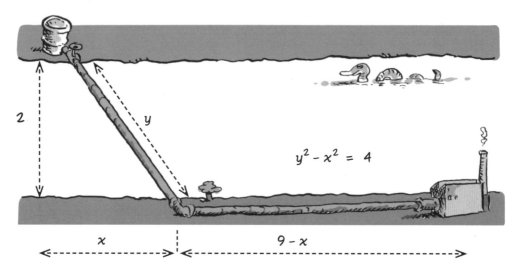

PODEMOS ADMITIR QUE A TUBULAÇÃO CONSISTE DE DOIS SEGMENTOS RETOS, POIS QUALQUER COISA CURVADA SERIA AINDA MAIS LONGA. COMO INDICADO NA FIGURA, x E y ESTÃO RELACIONADOS POR:

(1) $\quad y^2 - x^2 = 4$

O CUSTO EM MILHARES DE REAIS É

(2) $\quad C(x) = 4(9 - x) + 8y$

$\quad\quad\quad = 36 - 4x + 8y$

ESTAMOS TENTANDO OTIMIZAR O CUSTO C EM RELAÇÃO A x, OU SEJA, ENCONTRAR O COMPRIMENTO x QUE MINIMIZA O CUSTO. ASSIM, EM PRINCÍPIO TEMOS DE ENCONTRAR $C'(x)$.

A EQUAÇÃO (1) SUGERE USAR **DIFERENCIAÇÃO IMPLÍCITA**. (ISTO EVITA TER DE LIDAR COM AS COMPLICADAS RAÍZES QUADRADAS.) DERIVANDO (1) E (2) EM RELAÇÃO A x:

(3) $\quad 2yy' - 2x = 0 \quad$ ASSIM $\quad y' = \dfrac{x}{y}$

LOGO

(4) $\quad C' = -4 + 8y'$

PARA OTIMIZAR O CUSTO C, FAZEMOS $C' = 0$.

$\quad 8y' - 4 = 0, \quad$ ASSIM $\quad y' = \tfrac{1}{2}$

MAS DE (3), $y' = x/y$, ASSIM OBTEMOS

(5) $\quad \dfrac{x}{y} = \dfrac{1}{2} \quad$ OU $\quad y = 2x$

SUBSTITUINDO ISTO EM (1) DÁ
$3x^2 = 4$, ASSIM $C'(x) = 0$ QUANDO

$$\boxed{x = \dfrac{2}{\sqrt{3}}}$$

AGORA APLICAMOS O TESTE DA SEGUNDA DERIVADA, DESCOBRINDO O SINAL DE C''. DE (4),

(6) $C'' = 8y''$

DE (3) E USANDO A REGRA DO QUOCIENTE,

$$y'' = \frac{y - xy'}{y^2}$$

SUBSTITUINDO $y' = x/y$ (NOVAMENTE DE (3)),

$$y'' = \frac{y^2 - x^2}{y^3} = \frac{4}{y^3} \quad \text{ASSIM DE (6)}$$

$$C'' = \frac{32}{y^3} > 0 \text{ POIS } y > 0.$$

A SEGUNDA DERIVADA C'' É SEMPRE POSITIVA, ASSIM, **NOSSA SOLUÇÃO REALMENTE É UM MÍNIMO.**

E QUAL É O CUSTO MÍNIMO? NÓS PODEMOS EXPRESSAR C INTEIRAMENTE EM TERMOS DE x, SUBSTITUINDO $y = \sqrt{x^2 + 4}$ EM (2):

$$C(x) = 36 - 4x + 8\sqrt{x^2 + 4}$$

NO PONTO CRÍTICO $x = 2/\sqrt{3}$, LOGO,

$$C\left(\frac{2}{\sqrt{3}}\right) = 36 - 4\left(\frac{2}{\sqrt{3}}\right) + 8\sqrt{\frac{4}{3} + 4}$$

$$\approx 49{,}86\ldots$$

ASSIM, O CUSTO TOTAL SERÁ **R\$ 49.860.**

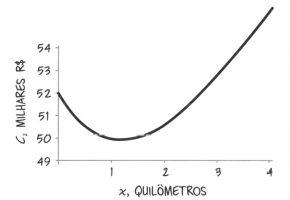

x	$C(x)$, MILHARES DE REAIS
0	52
1	49,90
$2/\sqrt{3}$	49,86
2	50,62
3	52,84
...	...
9	73,76

NOTA: O FATO DE $C''(x) > 0$ PARA TODO x IMPLICA QUE O GRÁFICO DE C TEM **SEMPRE CONCAVIDADE VOLTADA PARA CIMA.** NÃO HÁ PONTOS DE INFLEXÃO.

MÁXIMA CAUTELA:

O TESTE DA SEGUNDA DERIVADA É UMA COISA MARAVILHOSA QUANDO FUNCIONA, MAS NEM SEMPRE FUNCIONA! O QUE ACONTECE NUM PONTO CRÍTICO a ONDE $f''(a) = 0$? NESTE CASO, O TESTE DA SEGUNDA DERIVADA FALHA; ELE NÃO DÁ **QUALQUER INFORMAÇÃO** QUANTO AO PONTO a SER OU NÃO UM EXTREMO. DOIS EXEMPLOS MOSTRAM O QUE PODE ACONTECER.

EXEMPLO 5:

A FUNÇÃO POTÊNCIA $f(x) = x^3$ É UMA FUNÇÃO CRESCENTE SEM QUAISQUER PONTOS DE MÁXIMO OU MÍNIMO LOCAIS. SUAS DERIVADAS PRIMEIRA E SEGUNDA SÃO:

$$f'(x) = 3x^2 \text{ E } f''(x) = 6x,$$

ASSIM, QUANDO $x = 0$,

$$f'(0) = f''(0) = 0$$

ESTE É UM EXEMPLO DE UMA "PLACA DE PARE" COMO O DA PÁGINA 136: A DERIVADA É POSITIVA QUANDO $x < 0$, SE ANULA MOMENTANEAMENTE...

E DEPOIS FICA POSITIVA NOVAMENTE QUANDO $x > 0$.

EXEMPLO 6:
POR OUTRO LADO, $g(x) = x^4$ FAZ ALGO DIFERENTE EM $x = 0$. AS PRIMEIRAS DUAS DERIVADAS SÃO $g'(x) = 4x^3$ E $g''(x) = 12x^2$. NOVAMENTE, $g'(0) = g''(0) = 0$, MAS AQUI O PONTO $x = 0$ É CLARAMENTE UM MÍNIMO.

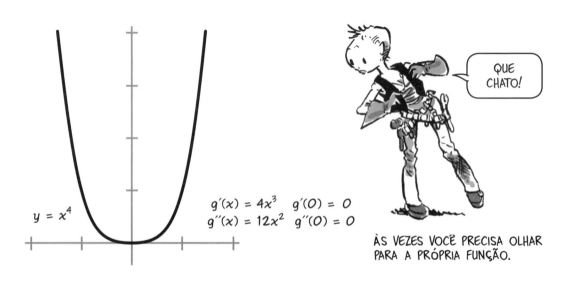

ÀS VEZES VOCÊ PRECISA OLHAR PARA A PRÓPRIA FUNÇÃO.

A SEGUNDA DERIVADA SERVE PARA MAIS COISAS ALÉM DOS TESTES DE MÁXIMOS: NOS DIZ ALGO SOBRE A FORMA DO GRÁFICO DA FUNÇÃO.

POR EXEMPLO, EM UMA ECONOMIA EM CRESCIMENTO, UMA DERIVADA SEGUNDA NEGATIVA (DIGAMOS, DA PRODUÇÃO TOTAL) SIGNIFICARIA QUE O CRESCIMENTO ESTÁ DIMINUINDO E PODE ESTAR PRESTES A ATINGIR UM MÁXIMO.

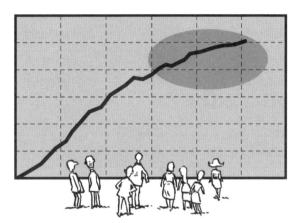

MAS NÃO NECESSARIAMENTE!

DO MESMO MODO, UMA f'' POSITIVA, DURANTE UM PERÍODO DE QUEDA, PODE SER UM SINAL DE QUE O PIOR JÁ PASSOU E AS COISAS EM BREVE MUDARÃO DE RUMO.

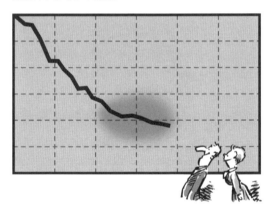
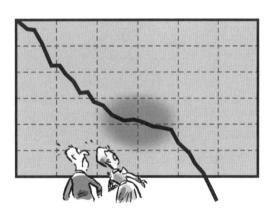

E OUTRA COISA: OS TESTES DE DERIVADA AJUDAM A LOCALIZAR PONTOS EXTREMOS **LOCAIS**, MAS, ÀS VEZES, QUEREMOS ENCONTRAR O MÁXIMO "**GLOBAL**" OU GERAL, OU AINDA O MÍNIMO DE UMA FUNÇÃO. SE f FOR DEFINIDA NUM INTERVALO FECHADO $[a, b]$, O VALOR EXTREMO DE f PODE OCORRER NUMA DAS EXTREMIDADES. VOCÊ TEM DE COMPARAR OS VALORES $f(a)$ E $f(b)$ COMO O VALOR DE f NOS SEUS MÁXIMOS E MÍNIMOS LOCAIS.

AQUI O MÁXIMO GLOBAL ESTÁ NO PONTO INTERNO c, E O MÍNIMO OCORRE NO EXTREMO b.

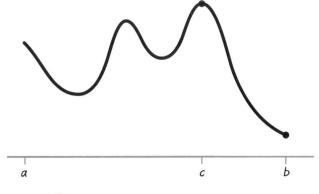

PROBLEMAS

1. ENCONTRE TODOS OS PONTOS EXTREMOS LOCAIS DESTAS FUNÇÕES. IDENTIFIQUE OS QUE SÃO MÁXIMOS E MÍNIMOS, E DESENHE OS GRÁFICOS.

a. $f(x) = x^2 + x - 1$

b. $g(x) = x^3 - 3x + 8$

c. $h(t) = 2t^3 - 3t^2 - 36t - 1$

d. $S(x) = \operatorname{sen}^2 x$

e. $F(\theta) = \cos\theta + \operatorname{sen}\theta$

f. $A(x) = \sqrt{4 - x^2}$

g. $Q(x) = x \ln x$

h. $s(t) = e^{-t}\cos t$

2. QUAL É A DÉCIMA DERIVADA DE $f(x) = \operatorname{sen} x$? QUAL É A 110^a?

3. MOSTRE QUE, DE TODOS OS RETÂNGULOS COM PERÍMETRO P, O QUE CONTÉM A MAIOR ÁREA É UM QUADRADO DE LADO P/4.

4. UMA CATAPULTA LANÇA AO AR UMA VACA EM UM ÂNGULO θ EM RELAÇÃO AO SOLO E COM VELOCIDADE INICIAL v_0. ESTA VELOCIDADE TEM COMPONENTE HORIZONTAL $v_0\cos\theta$ E COMPONENTE VERTICAL $v_0\operatorname{sen}\theta$.

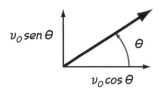

A ALTURA ATINGIDA PELA VACA, EM RELAÇÃO AO SOLO, NUM INSTANTE t É DADA POR

$$h(t) = -4{,}9t^2 + (v_0\operatorname{sen}\theta)t$$

a. ENCONTRE O INSTANTE T NO QUAL A VACA ATINGE A ALTURA MÁXIMA. (ESTA DEPENDERÁ DE θ.)

A DISTÂNCIA HORIZONTAL PERCORRIDA DURANTE ESTE TEMPO SERÁ $D(\theta) = (v_0\cos\theta)T$, E A DISTÂNCIA TOTAL PERCORRIDA QUANDO A VACA ATINGE O SOLO SERÁ DUAS VEZES ISSO, OU

$$D(\theta) = (2v_0\cos\theta)T$$

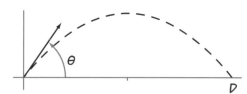

b. ENCONTRE O ÂNGULO θ QUE MAXIMIZA D. (NÃO ESQUEÇA QUE T É UMA FUNÇÃO DE θ!)

5. A EMPRESA PAVIMENTA-TUDO QUER CONSTRUIR UMA ESTRADA ENTRE UM PONTO NA MARGEM DE UMA LAGOA CIRCULAR ATÉ O PONTO DIAMETRALMENTE OPOSTO, A 2 KM DE DISTÂNCIA. A CONSTRUÇÃO SOBRE A ÁGUA CUSTA R$ 5 POR METRO, E A CONSTRUÇÃO SOBRE O SECO CUSTA R$ 4 POR METRO. DESCREVA O CAMINHO FINAL.

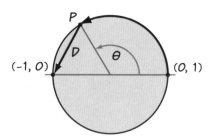

DICA: A DISTÂNCIA D AO PONTO DE DESVIO P SATISFAZ A EQUAÇÃO:

$$D^2 = (\cos\theta + 1)^2 + \operatorname{sen}^2\theta$$

6. DOIS TRABALHADORES ESTÃO CARREGANDO UM PEDAÇO DE PAINEL DE DIVISÓRIA NO INTERIOR DE UMA SALA COM UMA CURVA EM ÂNGULO RETO. A SALA TEM 3 METROS DE LARGURA NUMA DIREÇÃO E 4 METROS DE LARGURA NA OUTRA. ENCONTE O COMPRIMENTO DA MAIOR PEÇA DE DIVISÓRIA QUE PODE PASSAR NA CURVA. (DICA: ENCONTRE A MENOR PEÇA QUE CABE CORRETAMENTE NA CURVA. QUALQUER COISA MAIS CURTA PASSARÁ.)

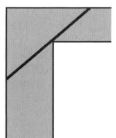

CAPÍTULO 6
ATUANDO LOCALMENTE

NO QUAL SEGUIREMOS UMA LINHA

AGORA VAMOS MUDAR UM POUCO A NOSSA PERSPECTIVA. EM VEZ DE ASSISTIRMOS A DERIVADA VAGUEAR EM SEU DOMÍNIO, VAMOS CENTRAR A NOSSA ATENÇÃO NUM ÚNICO PONTO. VOCÊ PODE SE SURPREENDER COM O QUANTO ENCONTRAREMOS LÁ...

NA PÁGINA 121 DESCREVEMOS ALGUMAS PEQUENAS MUDANÇAS DA FUNÇÃO f AO REDOR DE UM PONTO a COM ALGO QUE CHAMAMOS **EQUAÇÃO FUNDAMENTAL** DO CÁLCULO:

$$f(a + h) - f(a) = hf'(a) + \text{PULGA}$$

ESTA EQUAÇÃO DIZ QUE A DISCREPÂNCIA ENTRE $f(a + h) - f(a)$, OU Δf, NUM LADO E $hf'(a)$ NOUTRO É PEQUENA, SE COMPARADA COM h. ISTO TORNA FÁCIL CALCULAR VALORES APROXIMADOS DE f.

EM MATEMÁTICA, ÀS VEZES, UMA MUDANÇA PEQUENA DE NOTAÇÃO PODE MUDAR TOTALMENTE SUA PERSPECTIVA...

ISTO É O QUE **EU TENHO** DITO SEMPRE.

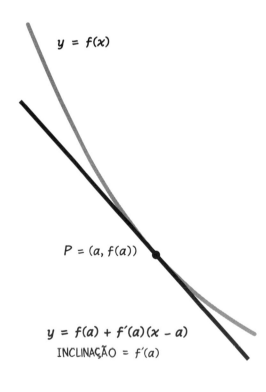

VAMOS ESCREVER $x = a + h$, ASSIM $h = x - a$. ENTÃO, A EQUAÇÃO FUNDAMENTAL PASSA A SER

$$f(x) - f(a) = f'(a)(x - a) + \text{PULGA}$$

OU

$$f(x) = f(a) + f'(a)(x - a) + \text{PULGA}$$

ENTÃO, ESTE É UM MODO DE DESCREVER A FUNÇÃO ORIGINAL f NA VIZINHANÇA DE a. AGORA SUBTRAÍMOS A PULGA PARA OBTER UMA FUNÇÃO MAIS SIMPLES.

$$T_a(x) = f(a) + f'(a)(x - a)$$

SEU GRÁFICO É UMA LINHA RETA — A PRIMEIRA E ÚNICA LINHA QUE, DE FATO, **PASSA POR a E TEM INCLINAÇÃO $f'(a)$**.

ESTA LINHA, A **TANGENTE** AO GRÁFICO $y = f(x)$ EM a, TOCA A CURVA NO PONTO $P = (a, f(a))$ E TEM INCLINAÇÃO IGUAL À DERIVADA DE f NESSE PONTO. É A FUNÇÃO RETA COM O MESMO VALOR E DERIVADA DE f EM a.

E T_a DIFERE DE f POR UMA PULGA – O QUE SIGNIFICA, COMO VOCÊ LEMBRA, QUE NÃO HÁ APENAS

$$\lim_{x \to a} (T_a(x) - f(x)) = 0$$

MAS HÁ TAMBÉM

$$\lim_{x \to a} \frac{1}{(x-a)} (T_a(x) - f(x)) = 0$$

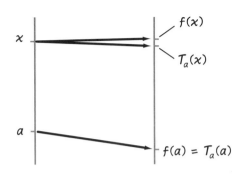

ISTO É, PRÓXIMO AO PONTO a, A DIFERENÇA ENTRE $T_a(x)$ E $f(x)$ É PEQUENA, **MESMO QUANDO COMPARADA A $x - a$.**

PODEMOS EXPRESSAR ISTO AO DIZERMOS QUE, **QUANTO MAIS OLHAMOS DE PERTO O PONTO P, MAIS O GRÁFICO $y = f(x)$ FICA PARECIDO COM UMA RETA.**

PENSE NO PONTO x NA BORDA DO RETÂNGULO CINZA E a NO CENTRO. AGORA OLHE DE PERTO...

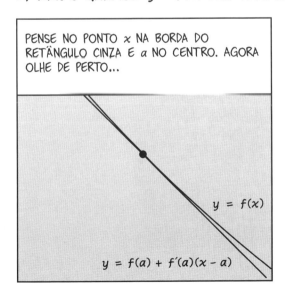

O RETÂNGULO CINZA TEM LADO IGUAL A $2(x - a)$, E A DISTÂNCIA ENTRE A CURVA E A LINHA DEVE DIMINUIR ATÉ FICAR INSIGNIFICANTE.

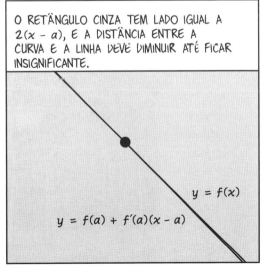

OUTRO MODO DE DIZER A MESMA COISA: **PARA x PRÓXIMO A a O NÚMERO $f(a) + f'(a)(x - a)$ É UMA BOA APROXIMAÇÃO PARA $f(x)$**. ISTO NOS DÁ UM MODO DE CALCULAR DE MODO **APROXIMADO** O VALOR DE FUNÇÕES.

DEZ PAUS EM QUE A RAIZ QUADRADA DE 70 É 8,375 COM PRECISÃO DE UMA PARTE EM MIL!

EXEMPLOS: SEJA $f(x) = \sqrt{x}$ E $a = 1$. PODEMOS APROXIMAR A RAIZ DE NÚMEROS PRÓXIMOS A 1, POIS SABEMOS QUE $f(a)$ E $f'(a)$. $f(1) = \sqrt{1} = 1$, É CLARO, E

$$f'(x) = \frac{1}{2\sqrt{x}} \quad \text{ASSIM} \quad f'(1) = \tfrac{1}{2}$$

SE x FOR PRÓXIMO A 1, ENTÃO

$$f(x) \approx f(1) + f'(1)(x - 1) = 1 + \tfrac{1}{2}(x - 1)$$

POR EXEMPLO:

$$\sqrt{1,3} \approx 1 + (\tfrac{1}{2})(1,3 - 1) = \mathbf{1,15}$$

O VALOR REAL É 1,1402... ASSIM A APROXIMAÇÃO TEM PRECISÃO MELHOR QUE UM CENTÉSIMO.

DE MODO SEMELHANTE, PODEMOS APROXIMAR O LOGARITMO NATURAL $\ln x$ PARA x PRÓXIMOS A e:

$$f(x) = \ln x, \quad f(e) = 1,$$

$$f'(x) = \frac{1}{x}, \quad f'(e) = \frac{1}{e}, \quad \text{ASSIM}$$

$$\ln 3 \approx 1 + \frac{(3 - e)}{e}$$

$$\approx 1 + \frac{0,282}{2,718}$$

$$\approx \mathbf{1,104...}$$

O VALOR REAL É 1,0986... ASSIM, A APROXIMAÇÃO TEM PRECISÃO DE CINCO MILÉSIMOS - NADA MAL!

MOVIMENTO FRACO?

O GRÁFICO DE UMA FUNÇÃO DIFERENCIÁVEL "FICA APLAINADO" QUANDO VOCÊ OLHA MAIS DE PERTO... ASSIM, QUALQUER FUNÇÃO CUJO GRÁFICO **NÃO** APLAINA PRÓXIMO A UM PONTO a NÃO DEVE TER DERIVADA EM a!

O GRÁFICO DA FUNÇÃO MÓDULO $g(x) = |x|$ É UM EXEMPLO. EM $a = 0$, g NÃO POSSUI DERIVADA: SEU GRÁFICO FORMA UM VÉRTICE E NÃO HÁ AMPLIAÇÃO QUE FAÇA COM QUE ELE MUDE DE APARÊNCIA PARA **ALGO QUE NÃO SEJA** UM VÉRTICE. OS QUOCIENTES DE DIFERENÇA NÃO PODEM APROXIMAR A UM LIMITE EM 0.

$$\lim_{h \to 0} \frac{|h|}{h} = \begin{cases} -1 & \text{QUANDO } h < 0 \\ 1 & \text{QUANDO } h > 0 \end{cases}$$

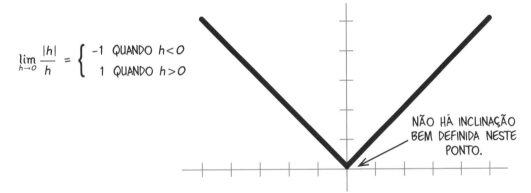

NÃO HÁ INCLINAÇÃO BEM DEFINIDA NESTE PONTO.

DO MESMO MODO, QUALQUER FUNÇÃO CUJO GRÁFICO TENHA CANTOS OU CÚSPIDES NÃO PODE POSSUIR DERIVADA NESSES PONTOS.

AGORA, DE VOLTA ÀS LINHAS RETAS...

AQUI ESTÁ ALGO SOBRE LINHAS QUE VOCÊ PODE NUNCA TER PERCEBIDO: SUPONHA QUE DUAS RETAS NÃO VERTICAIS, $y = L_1(x)$ E $y = L_2(x)$, CRUZAM-SE NO EIXO x NO PONTO a. SE AS DUAS INCLINAÇÕES SÃO m E p, ENTÃO AS LINHAS POSSUEM AS SEGUINTES EQUAÇÕES:

$$y = L_1(x) = m(x - a)$$

$$y = L_2(x) = p(x - a)$$

ADMITA QUE $p \neq 0$. ENTÃO, QUANDO $x \neq a$,

$$\frac{L_1(x)}{L_2(x)} = \frac{m(x-a)}{p(x-a)} = \frac{m}{p}$$

EMBORA AS FUNÇÕES L_1 E L_2 APROXIMEM-SE DE 0, SUA RAZÃO SERÁ SEMPRE IGUAL À **RAZÃO DAS INCLINAÇÕES**.

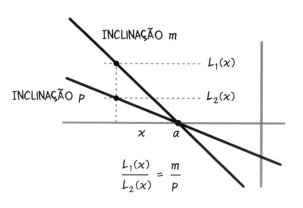

ASSIM COMO ACONTECE COM AS RETAS, O MESMO VALE - NO LIMITE - PARA AS CURVAS SUAVES!

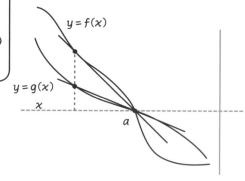

REGRA DE L'HÔSPITAL:

SE $f(a) = g(a) = 0$, ENTÃO

$$\lim_{x \to a} \frac{f(x)}{g(x)} = \frac{f'(a)}{g'(a)} \text{ DESDE QUE } g'(a) \neq 0$$

NO LIMITE, A RAZÃO DOS **VALORES** É DADA PELA RAZÃO DAS **DERIVADAS** - POIS, PRÓXIMO AO PONTO a, AS DUAS CURVAS TORNAM-SE INDISTINGUÍVEIS DE RETAS COM INCLINAÇÕES IGUAIS A $f'(a)$ E $g'(a)$, RESPECTIVAMENTE.

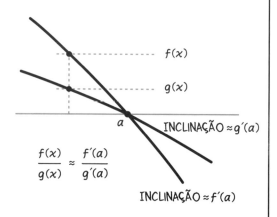

EXEMPLO: ENCONTRE $\lim_{x \to 0} \dfrac{e^x - 1}{\operatorname{sen} 2x}$

NOTE, EM PRINCÍPIO, QUE TANTO O NUMERADOR QUANTO O DENOMINADOR SÃO NULOS QUANDO $x = 0$.

TIPO, TOTALMENTE IMPORTANTE!

ASSIM, PODEMOS APLICAR L'HÔSPITAL:

$$\dfrac{d}{dx}(e^x - 1) = e^x, \quad e^0 = 1$$

$$\dfrac{d}{dx}(\operatorname{sen} 2x) = 2\cos x \quad 2\cos(0) = 2$$

E O LIMITE É:

$$\dfrac{e^0}{2\cos(0)} = \dfrac{1}{2}$$

O QUE ACONTECE SE $f(a)$, $g(a)$, $f'(a)$, E $g'(a)$ FOREM **TODOS** IGUAIS A ZERO? ENTÃO, IREMOS PARA A SEGUNDA DERIVADA, E SE $f''(a) = g''(a) = 0$, ENTÃO, IREMOS PARA A TERCEIRA ETC.! ESTA FORMA MAIS GERAL DA REGRA DE L'HÔSPITAL DIZ:

SE $f(a) = g(a) = 0$ E $\lim_{x \to a} \dfrac{f'(x)}{g'(x)}$ EXISTE, ENTÃO

$$\lim_{x \to a} \dfrac{f(x)}{g(x)} = \lim_{x \to a} \dfrac{f'(x)}{g'(x)}$$

EXEMPLO: ENCONTRE

$$\lim_{x \to 0} \dfrac{e^{3x} - 1 - 3x}{1 - \cos x}$$

LEMBRE-SE: PARA APLICAR A REGRA DE L'HÔSPITAL, **DEVEMOS** VERIFICAR SE TANTO O NUMERADOR QUANTO O DENOMINADOR SÃO NULOS NO PONTO! CHAMANDO O NUMERADOR DE f E O DENOMINADOR DE g, VEMOS QUE $f(0) = g(0) = 0$.

INFELIZMENTE, SUAS DERIVADAS SÃO TAMBÉM NULAS EM $x = 0$.

$$f'(x) = 3e^{3x} - 3 \quad f'(0) = 0$$
$$g'(x) = \operatorname{sen} x \quad g'(0) = 0$$

MUITO AZAR...

TERRIVELMENTE TRISTE...

SEM PROBLEMAS! VERIFICAMOS AS **SEGUNDAS** DERIVADAS:

$$f''(x) = 9e^{3x} \quad f''(0) = 9$$
$$g''(x) = \cos x \quad g''(0) = 1$$

E CONCLUÍMOS

$$\lim_{x \to 0} \dfrac{e^{3x} - 1 - 3x}{1 - \cos x} = \lim_{x \to 0} \dfrac{f'(x)}{g'(x)}$$

$$= \dfrac{f''(0)}{g''(0)} = \dfrac{9}{1} = \mathbf{9}$$

A REGRA DE L'HÔSPITAL TAMBÉM FUNCIONA PARA LIMITES QUANDO A VARIÁVEL TENDE A INFINITO E LIMITES INFINITOS:

SE $\lim_{x\to\infty} f(x) = \lim_{x\to\infty} g(x) = \infty$, OU

$\lim_{x\to\infty} f(x) = \lim_{x\to\infty} g(x) = 0$, ENTÃO

$$\lim_{x\to\infty} \frac{f(x)}{g(x)} = \lim_{x\to\infty} \frac{f'(x)}{g'(x)}$$

SE O ÚLTIMO LIMITE EXISTIR.

EXEMPLO AO INFINITO:

ENCONTRE

$\lim_{x\to\infty} \frac{x^p}{\ln x}, p > 0$

TANTO O NUMERADOR QUANTO O DENOMINADOR VÃO A INFINITO QUANDO O $x \to \infty$. PARA APLICAR L'HÔSPITAL OBTEMOS A DERIVADA DE CADA FUNÇÃO:

$\frac{d}{dx}(x^p) = px^{p-1}$ $\frac{d}{dx}(\ln x) = \frac{1}{x}$ ASSIM

$\lim_{x\to\infty} \frac{x^p}{\ln x} = \lim_{x\to\infty} \frac{px^{p-1}}{\frac{1}{x}} = \lim_{x\to\infty} px^p = \infty$

ISTO SIGNIFICA QUE $\ln x$ VAI AO INFINITO MAIS LENTAMENTE QUE **QUALQUER FUNÇÃO POTÊNCIA POSITIVA**. x^p SE TORNA INFINITAMENTE MAIOR QUE $\ln x$ QUANDO $\ln x$ É $x \to \infty$. O LOGARITMO CRESCE MUITO DEVAGAR!

NOTE QUE VOCÊ NÃO VÊ ISTO NESTE GRÁFICO, EM QUE x É PEQUENO... MAS PARA VALORES MAIORES DE x, $\ln x$ REALMENTE TEM DIFICULDADES DE DECOLAR!

x	$\ln x$	$x^{\frac{1}{3}}$
$e^{10} \approx 220.026$	10	28,02
$e^{15} \approx 3.269.017$	15	148,3
$e^{20} \approx 485.000.000$	20	785,2
...	...	...
e^N	N	$e^{N/3}$
...	...	...

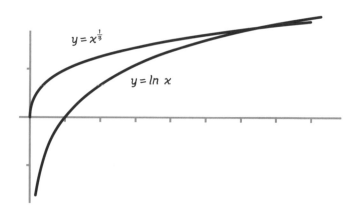

OS ÚLTIMOS SEIS CAPÍTULOS EXPLORARAM O PRIMEIRO TEMA IMPORTANTE DO CÁLCULO, **A DERIVADA**. ANTES DE IRMOS AO TÓPICO 2, A INTEGRAL, VAMOS REVISAR QUAIS USOS ENCONTRAMOS PARA A GRANDE INVENÇÃO DE NEWTON E LEIBNIZ, A TAXA INSTANTÂNEA DE VARIAÇÃO DE UMA FUNÇÃO.

TAXAS RELACIONADAS
USAR A DERIVADA DE UMA FUNÇÃO PARA DESCOBRIR A VARIAÇÃO EM OUTRA FUNÇÃO RELACIONADA.

$$V = \tfrac{4}{3}\pi r^3$$
$$V' = 4\pi r^2 r'$$

OTIMIZAÇÃO
ENCONTRAR OS MÁXIMOS E MÍNIMOS DE UMA FUNÇÃO, PONTOS DE INTERESSE EM MUITOS PROBLEMAS DO MUNDO REAL.

APROXIMAÇÃO
USAR A TANGENTE NUM PONTO PARA CALCULAR FACILMENTE, TENDO UMA "PULGA" COMO ERRO, O VALOR REAL DA FUNÇÃO NOS PONTOS VIZINHOS.

COMPARAÇÃO DE FUNÇÕES
USAR A REGRA DE L'HÔSPITAL PARA COMPARAR FUNÇÕES "NO INFINITO" OU EM PONTOS PRÓXIMOS EM QUE AMBAS AS FUNÇÕES SÃO IGUAIS A ZERO.

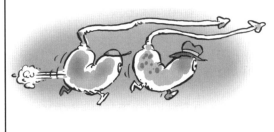

PROBLEMAS

1. ESTIME $\sqrt{5}$ USANDO A APROXIMAÇÃO

$f(x) \approx f(4) + f'(4)(x - 4)$

2. ESTIME $\sqrt{67}$. (DICA: USE UM QUADRADO PERFEITO PRÓXIMO.) COMPARE SUA ESTIMATIVA COM O VALOR OBTIDO USANDO UMA CALCULADORA.

3. ESTIME sen 3.

4. ESTIME ARCTAN (1.1). (LEMBRE QUE ARCTAN 1 = $\pi/4$.)

USE A REGRA DE L'HÔSPITAL, QUANDO APROPRIADO, PARA CALCULAR ESSES LIMITES. (LEMBRE-SE DE, PRIMEIRO, VERIFICAR OS LIMITES DO NUMERADOR E DENOMINADOR! PODE HAVER ALGUNS AQUI PARA OS QUAIS A REGRA DE L'HÔSPITAL NÃO SE APLICA...)

5. $\lim\limits_{x \to 0} \dfrac{\operatorname{sen}(x^2)}{\cos x - 1}$

6. $\lim\limits_{x \to 0} \dfrac{x}{\operatorname{sen} 2x}$

7. $\lim\limits_{x \to 0} \dfrac{e^{-8x^2} - 1}{\cos 2x - 1}$

8. $\lim\limits_{x \to 1} \dfrac{x^7 - 1}{x^3 - 1}$

9. $\lim\limits_{x \to 0} \dfrac{6\operatorname{sen} x - 6x + x^3}{2\cos x + x^2 - 2}$

10. $\lim\limits_{x \to \infty} x^{\frac{1}{x}}$ DICA: EXTRAIA O LOGARITMO

11. $\lim\limits_{x \to 1} \dfrac{\ln x}{x - 1}$

12. $\lim\limits_{x \to \pi} \dfrac{\operatorname{sen} x}{\cos x - 1}$

13a. DADO UM POLINÔMIO $P(x) = a_0 + a_1 x + a_2 x^2 + ... + a_n x^n$, MOSTRE QUE $P'(0) = a_1$, $P''(0) = 2a_2$, E $P^{(m)}(0) = m! a_m$ PARA TODO $m \leq n$.

b. SE f FOR UMA FUNÇÃO QUALQUER, DIFERENCIÁVEL EM a, MOSTRE QUE O POLINÔMIO

$$P_n(x) = f(0) + f'(0)x + \frac{f''(0)}{2!}x^2 + ... + \frac{f^{(m)}(0)}{m!}x^m + ... + \frac{f^{(n)}(0)}{n!}x^n$$

TEM $P(0) = f(0)$ E $P^{(m)}(0) = f^{(m)}(0)$ PARA TODO $m = 1, 2, ..., n$. O POLINÔMIO P_n É CHAMADO n-ÉSIMO **POLINÔMIO DE TAYLOR** DE f EM $x = 0$.

c. ESCREVA O POLINÔMIO DE GRAU 8 TENDO O MESMO VALOR E PRIMEIRAS OITO DERIVADAS DE $\cos x$ EM $x = 0$.

CAPÍTULO 7
O TEOREMA DO VALOR MÉDIO

ALGUNS PENSAMENTOS TEÓRICOS, FRENÉTICOS E FINAIS
(QUE VOCÊ PODE DEIXAR DE LADO SE TUDO O QUE IMPORTAR PARA VOCÊ É COMO USAR O CÁLCULO, E SE NÃO DER A MÍNIMA PARA SEUS FUNDAMENTOS PROFUNDOS, BELOS E ELEGANTES - VEJA SE EU ME IMPORTO!)

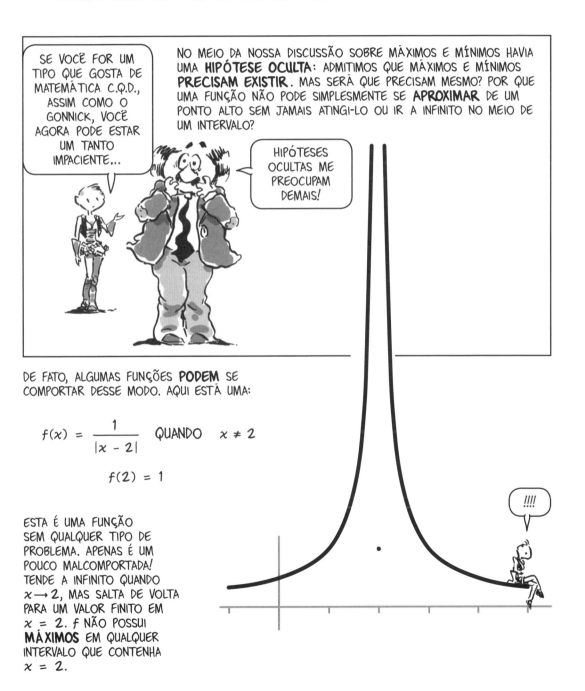

SE VOCÊ FOR UM TIPO QUE GOSTA DE MATEMÁTICA C.Q.D., ASSIM COMO O GONNICK, VOCÊ AGORA PODE ESTAR UM TANTO IMPACIENTE...

NO MEIO DA NOSSA DISCUSSÃO SOBRE MÁXIMOS E MÍNIMOS HAVIA UMA **HIPÓTESE OCULTA**: ADMITIMOS QUE MÁXIMOS E MÍNIMOS **PRECISAM EXISTIR**. MAS SERÁ QUE PRECISAM MESMO? POR QUE UMA FUNÇÃO NÃO PODE SIMPLESMENTE SE **APROXIMAR** DE UM PONTO ALTO SEM JAMAIS ATINGI-LO OU IR A INFINITO NO MEIO DE UM INTERVALO?

HIPÓTESES OCULTAS ME PREOCUPAM DEMAIS!

DE FATO, ALGUMAS FUNÇÕES **PODEM** SE COMPORTAR DESSE MODO. AQUI ESTÁ UMA:

$$f(x) = \frac{1}{|x-2|} \quad \text{QUANDO} \quad x \neq 2$$

$$f(2) = 1$$

ESTA É UMA FUNÇÃO SEM QUALQUER TIPO DE PROBLEMA. APENAS É UM POUCO MALCOMPORTADA! TENDE A INFINITO QUANDO $x \to 2$, MAS SALTA DE VOLTA PARA UM VALOR FINITO EM $x = 2$. f NÃO POSSUI **MÁXIMOS** EM QUALQUER INTERVALO QUE CONTENHA $x = 2$.

O PROBLEMA DESTA FUNÇÃO É O PONTO ISOLADO (2, 1) EM SEU GRÁFICO... A FUNÇÃO NÃO SE **APROXIMA** DESTE PONTO. ELA SIMPLESMENTE **SALTA** ATÉ ELE, POR ASSIM DIZER... ASSIM, VAMOS VER AS FUNÇÕES SEM QUAISQUER SALTOS... FUNÇÕES CUJO GRÁFICO POSSA SER DESENHADO SEM TIRAR O LÁPIS DO PAPEL. TAIS FUNÇÕES "NÃO SALTITANTES" SÃO DENOMINADAS **CONTÍNUAS**.

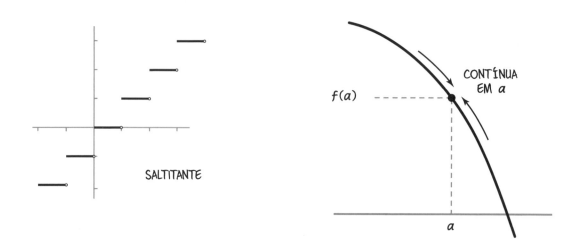

DE MODO MATEMÁTICO, DIZEMOS QUE f É **CONTÍNUA NUM PONTO** a SE

$$f(a) = \lim_{x \to a} f(x)$$

f É DITA **CONTÍNUA NUM INTERVALO** $[c, d]$ SE FOR CONTÍNUA EM TODOS OS PONTOS EM $[c, d]$.

TODAS AS FUNÇÕES DIFERENCIÁVEIS SÃO CONTÍNUAS, MAS NÃO O OPOSTO. SE f É DIFERENCIÁVEL EM a, ENTÃO, SABEMOS QUE $f(x) - f(a) = f'(a)(x - a) +$ PULGA, ASSIM $\lim_{x \to a} (f(x) = -f(a)) = 0$ OU $\lim_{x \to a} f(x) = -f(a)$. POR OUTRO LADO, UMA FUNÇÃO CONTÍNUA PODE TER CÚSPIDES EM QUE NÃO É DIFERENCIÁVEL.

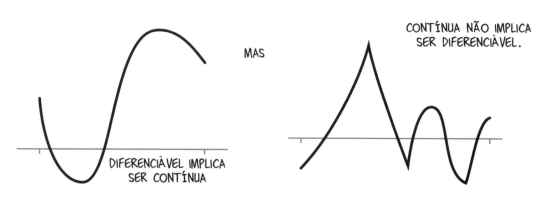

FUNÇÕES CONTÍNUAS FAZEM O QUE QUEREMOS:

TEOREMA DO VALOR EXTREMO:

UMA FUNÇÃO CONTÍNUA f DEFINIDA NUM INTERVALO **FECHADO** $[c, d]$ ATINGE UM VALOR MÁXIMO M NO INTERVALO: OU SEJA, HÁ UM PONTO a EM $[c, d]$ EM QUE $f(a) = M$ E $f(x) \leq M$ PARA QUALQUER OUTRO x EM $[c, d]$.

(NOTE QUE ISTO TAMBÉM IMPLICA A EXISTÊNCIA DE UM MÍNIMO, POIS $-f$ DEVE TER UM MÁXIMO!)

PODE ESTAR NO INTERIOR OU EM UMA DAS EXTREMIDADES!

DEVEMOS OMITIR A PROVA, QUE DEPENDE DE PROPRIEDADES PROFUNDAS E SUTIS DOS NÚMEROS REAIS.

COMO UMA COISA UNIDIMENSIONAL PODE SER TÃO PROFUNDA?

O TEOREMA DO VALOR EXTREMO TEM ESSA CONSEQUÊNCIA PARA O CÁLCULO:

TEOREMA DE ROLLE:
SE f FOR CONTÍNUA NUM INTERVALO FECHADO $[c, d]$ E DIFERENCIÁVEL EM (c, d), E $f(c) = f(d) = 0$, ENTÃO HÁ PELO MENOS UM PONTO a NO INTERVALO ABERTO (c, d) EM QUE $f'(a) = 0$.

PROVA: SE f FOR A FUNÇÃO CONSTANTE $f = 0$, ENTÃO O RESULTADO É TRIVIAL: QUALQUER PONTO ENTRE c E d SERVIRÁ.

SE f NÃO FOR CONSTANTE, ENTÃO POSSUI VALORES NÃO NULOS. PORTANTO, ATINGE UM MÁXIMO $M > 0$ OU UM MÍNIMO $m < 0$ EM ALGUM PONTO a, CONFORME O TEOREMA DO VALOR EXTREMO. O PONTO a NÃO É UM DOS LIMITES DO INTERVALO, POIS $f(c) = f(d) = 0$, ASSIM, $f'(a) = 0$.

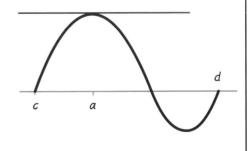

O TEOREMA DE ROLLE, POR SUA VEZ, IMPLICA ESTA VERSÃO DESLOCADA, IMPORTANTE E SURPREENDENTE:

TEOREMA DO VALOR MÉDIO: SE f FOR CONTÍNUA NUM INTERVALO FECHADO $[c, d]$ E DIFERENCIÁVEL NO INTERVALO ABERTO (c, d), ENTÃO EXISTE UM PONTO a NO INTERIOR DE (c, d) ONDE:

$$f'(a) = \frac{f(d) - f(c)}{d - c}$$

OU SEJA É, DEVE HAVER AO MENOS UM PONTO NO INTERIOR DO INTERVALO EM QUE A LINHA TANGENTE É **PARALELA** À CORDA QUE UNE OS EXTREMOS DO GRÁFICO.

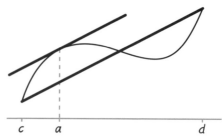

NOTE QUE TODOS OS TRÊS TEOREMAS ALEGAM MERAMENTE A **EXISTÊNCIA DE ALGO**. ELES PROVAM QUE HÁ PONTOS COM AS PROPRIEDADES DEMANDADAS – SEM DAR NENHUM MÉTODO PARA ENCONTRAR ESSES PONTOS! AS PROVAS NÃO SÃO "CONSTRUTIVAS".

PROVA: DO TEOREMA DO VALOR MÉDIO: DADA f CONFORME JÁ DESCRITA, DEFINE-SE UMA FUNÇÃO NOVA g PELA SUBTRAÇÃO DA CORDA DE f:

$$g(x) = f(x) - \frac{f(d) - f(c)}{d - c}(x - c) - f(c)$$

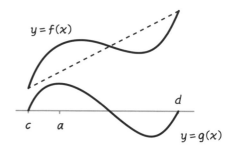

g SATISFAZ AS HIPÓTESES DO TEOREMA DE ROLLE: $g(c) = g(d) = 0$. PORTANTO, EXISTE UM PONTO a NO INTERIOR DO INTERVALO EM QUE $g'(a) = 0$. MAS

$$g'(x) = f'(x) - \frac{f(d) - f(c)}{d - c}$$

COMO $g'(a) = 0$, ENTÃO:

$$f'(a) = \frac{f(d) - f(c)}{d - c}$$

COMO ALGUNS MATEMÁTICOS QUE EU CONHEÇO...

O TEOREMA DO VALOR MÉDIO TEM CONSEQUÊNCIAS PODEROSAS:

ADMITA QUE A FUNÇÃO f SEJA CONTÍNUA NUM INTERVALO FECHADO $[c, d]$ E DIFERENCIÁVEL NO INTERVALO ABERTO (c, d).

VOCÊ JÁ VIU FUNÇÕES QUE **NÃO FOSSEM** ASSIM?

NOS MEUS PESADELOS!

1. UMA DERIVADA POSITIVA IMPLICA UMA FUNÇÃO ESTRITAMENTE CRESCENTE: SUPONHA $f'(x) > 0$ (ESTRITAMENTE!) PARA TODO x NO INTERVALO (c, d). ENTÃO, f É ESTRITAMENTE CRESCENTE NO INTERVALO.

PROVA: SEJAM DOIS PONTOS $a < b$ NO INTERVALO. PELO TEOREMA DO VALOR MÉDIO, EXISTE UM PONTO x_0 ENTRE a E b TAL QUE:

$$f'(x_0) = \frac{f(b) - f(a)}{b - a}$$

ADMITIMOS QUE $f'(x_0) > 0$, LOGO $f(b) - f(a) > 0$, OU SEJA, f É ESTRITAMENTE CRESCENTE.

2. APENAS FUNÇÕES CONSTANTES POSSUEM UMA DERIVADA NULA CONSTANTE: SE $f'(x) = 0$ PARA TODO x NUM INTERVALO (c, d), ENTÃO f É CONSTANTE NO INTERVALO.

PROVA: SEJAM DOIS PONTOS $a < b$ NO INTERVALO. PELO TEOREMA DO VALOR MÉDIO, EXISTE UM PONTO x_0 ENTRE a E b TAL QUE:

$$f'(x_0) = \frac{f(b) - f(a)}{b - a}$$

MAS $f'(x_0)$ É ADMITIDA IGUAL A ZERO, ASSIM $f(a) = f(b)$ E A FUNÇÃO É CONSTANTE.

DE ONDE DECORRE O RESULTADO PRINCIPAL DESTE CAPÍTULO:

3. COROLÁRIO: SE f E g FOREM DUAS FUNÇÕES COM $f' = g'$, ENTÃO f E g DIFEREM POR UMA CONSTANTE. ISTO DECORRE DO RESULTADO ANTERIOR APLICADO À FUNÇÃO $f - g$.

SE UMA FUNÇÃO SEMPRE TENDE PARA CIMA, COMO PODERIA DIMINUIR?

E AGORA PARA A INTEGRAL!

PROBLEMAS

PARA CADA FUNÇÃO f, ENCONTRE A INCLINAÇÃO $m = (f(b) - f(a))/(b - a)$ DA LINHA SECANTE QUE UNE OS EXTREMOS DO GRÁFICO NO INTERVALO DADO. DEPOIS ENCONTRE TODOS OS PONTOS c NO INTERVALO EM QUE $f'(c) = m$. USE A CALCULADORA QUANDO NECESSÁRIO.

1. $f(x) = x^3 + 2x + 3$ EM $[0, 2]$

2. $f(x) = e^{-x}$ EM $[-1, 3]$

3. $f(x) = \dfrac{4 + x}{4 - x}$ EM $[0, 2]$

4. $f(x) = \cos x$ EM $[0, 3\pi]$

5. $f(x) = 2x^4 - x^2$ EM $[-50, 50]$

6. $f(x) = \tan x$ EM $[-a, a]$, QUALQUER a EM $a < 0 < \pi/2$

NOTE QUE O TEOREMA DE ROLLE IMPLICA QUE, SE A DERIVADA $f'(x)$ DE UMA FUNÇÃO f CONTÍNUA E DERIVÁVEL NUNCA FOR IGUAL A ZERO NUM INTERVALO, ENTÃO, NÃO PODEM EXISTIR DOIS PONTOS a E b NO INTERVALO COM $f(a) = f(b)$.

7. MOSTRE QUE A EQUAÇÃO $y = 3x - \operatorname{sen} x + 7$ POSSUI NO MÁXIMO UMA RAIZ. ELA POSSUI ALGUMA RAIZ? POR QUÊ? OU POR QUE NÃO?

8a. MOSTRE QUE UM POLINÔMIO $P(x) = x^2 + bx + c$ DE GRAU DOIS POSSUI NO MÁXIMO DUAS RAÍZES.

8b. MOSTRE QUE UM POLINÔMIO DE GRAU 3 TEM NO MÁXIMO TRÊS RAÍZES.

8c. MOSTRE QUE UM POLINÔMIO DE GRAU n TEM NO MÁXIMO n RAÍZES.

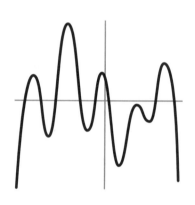

9. UM PILOTO DE CORRIDA ESTÁ NA 20ª MILHA. SE A SUA VELOCIDADE NÃO ULTRAPASSAR 150 MILHAS/H, QUAL É O MÁXIMO MARCO DE DISTÂNCIA EM MILHAS QUE ELE PODE ALCANÇAR NAS PRÓXIMAS DUAS HORAS?

10. UMA FUNÇÃO f, CONTÍNUA NO INTERVALO $[a, b]$ E DERIVÁVEL EM (a, b), POSSUI $f(a) = 2$. SE $f'(x) \leq 7$ PARA QUALQUER x EM (a, b), QUAL O MÁXIMO VALOR QUE $f(x)$ PODE ATINGIR NO INTERVALO? (DICA: COMPARE COM O PROBLEMA 9.)

11. SEJA $f(x) = (x - 2)^{-2}$. MOSTRE QUE NÃO HÁ VALOR DE c NO INTERVALO $(0, 3)$ TAL QUE $f(3) - f(0) = f'(c)(3 - 1)$. POR QUE ISTO NÃO VIOLA O TEOREMA DO VALOR MÉDIO?

12. SUPONHA QUE f E g SATISFAÇAM AS HIPÓTESES DO TEOREMA DO VALOR MÉDIO NO INTERVALO $[a, b]$ E QUE $f(a) = g(a)$. MOSTRE QUE SE $f'(x) > g'(x)$ PARA TODO x EM (a, b), ENTÃO, $f(b) > g(b)$.

13. MOSTRE QUE QUALQUER FUNÇÃO CUJA DERIVADA É A PRÓPRIA FUNÇÃO DEVE TER A FORMA $f(x) = Ce^x$ PARA ALGUMA CONSTANTE C. (DICA: SUPONHA QUE $f'(x) = f(x)$, DERIVE A FUNÇÃO

$$g(x) = \frac{f(x)}{e^x}$$

E APLIQUE O COROLÁRIO 2.)

CAPÍTULO 8
APRESENTANDO A INTEGRAL

JUNTANDO DOIS E DOIS E DOIS E DOIS COM MAIS DOIS

O CÁLCULO, COMO TEMOS VISTO, DIVIDE QUANTIDADES EM PEQUENAS PARTES, COISINHAS DIMINUTAS COM NOMES COMO h, Δx, Δy, Δt E Δf. SE P FOR UMA TORTA, ENTÃO ΔP É UMA FATIA FINA DA TORTA.

ATÉ AGORA VIMOS O QUE ACONTECE QUANDO **DIVIDIMOS** UMA DESTAS COISAS POR OUTRA PARA FAZERMOS RAZÕES COMO $\Delta f/h$... MAS, AGORA, QUEREMOS FAZER ALGO DIFERENTE COM NOSSAS MIGALHAS DE NÚMEROS: QUEREMOS **SOMÁ-LAS**.

A ADIÇÃO É MAIS FÁCIL QUE A MULTIPLICAÇÃO... É POR ISSO QUE A APRENDEMOS PRIMEIRO NA ESCOLA... E, DE FATO, MATEMÁTICOS USAVAM O PROCESSO DE SOMATÓRIA DE PARTES MILHARES DE ANOS ANTES DE NEWTON E LEIBNIZ TEREM INVENTADO O CÁLCULO.

HÁ UMA NOTAÇÃO PADRÃO PARA A SOMATÓRIA DE MUITOS ITENS. USA-SE A LETRA GREGA, EQUIVALENTE AO S, **SIGMA** MAIÚSCULA, QUE SIGNIFICA "SOMA".

NÃO SE PREOCUPE... NUNCA MORDEU UMA PESSOA...

POR EXEMPLO, CONSIDERE A SEQUÊNCIA DE CINCO TERMOS $\{2, 4, 8, 16, 32\}$. AQUI $a_i = 2^i$ E $n = 5$.

i	a_i
1	2
2	4
3	8
4	16
5	32

NESTE CASO,

$$\sum_{i=1}^{5} a_i = 2 + 4 + 8 + 16 + 32 = 62$$

$$\sum_{i=2}^{4} a_i = 4 + 8 + 16 = 28$$

SE TIVERMOS UMA SEQUÊNCIA DE n NÚMEROS

$$a_1, a_2, a_3, \ldots a_i, \ldots a_n$$

a_i ("A-I") É CHAMADO i-**ÉSIMO TERMO** DA SEQUÊNCIA, E A SOMA DE TODOS OS TERMOS É ESCRITA

$$\sum_{i=1}^{n} a_i$$

LÊ-SE "SOMATÓRIA DOS a_i COM i DE 1 A n". A LETRA i É CHAMADA **ÍNDICE** DA SEQUÊNCIA.

A SOMATÓRIA DOS TERMOS CONSECUTIVOS DE ap A aq, INCLUINDO-OS, É:

$$\sum_{i=p}^{q} a_i = a_p + a_{p+1} + \ldots + a_q$$

OK... EU ACHO QUE ESTÁ SOB CONTROLE...

SE FÔSSEMOS DIVIDIR UMA TORTA P EM n FATIAS (POSSIVELMENTE DESIGUAIS), CHAMADAS $\Delta P_1, \Delta P_2, \Delta P_3 ..., \Delta P_n$, ENTÃO, A TORTA INTEIRA SERIA A SOMA:

$$P = \sum_{i=1}^{n} \Delta P_i$$

ENTÃO, COMO GOSTAMOS DE FAZER EM CÁLCULO, ENCOLHEMOS O TAMANHO DESSAS FATIAS (A UM INFINITESIMAL dP, COMO LEIBNIZ GOSTAVA DE DIZER). NESSE PONTO ESCREVEREMOS A COISA COM UMA FORMA DIFERENTE DE "S", UMA FORMA ESPICHADA, CHAMADA **SINAL DA INTEGRAL**.

$$P = \int dP$$

> POR QUE OUTRO "S"?

> PORQUE É COMO SE FOSSE SEMELHANTE A UMA SOMA...

> ESTE É MAIS UM SÍMBOLO QUE FOI CRIADO POR MIM...

O.K... ESTA É A NOSSA NOTAÇÃO... É SÓ SOMAR TUDO DAQUI PARA FRENTE...

> EI! ESPERE UM MINUTO...

UMA BOA QUESTÃO:

AGORA VOCÊ PODE SE PERGUNTAR, SE A SOMA É MAIS SIMPLES QUE A DIVISÃO E SE OS ANTIGOS JÁ FAZIAM INTEGRAIS MUITO ANTES DE NEWTON, POR QUE NÃO COMEÇAMOS O LIVRO COM ESTE CAPÍTULO?

> CERTAMENTE VOCÊ NÃO ACHA QUE EU FIZ **ISTO** DESTE JEITO POR CONTA DE UM DESEJO PERVERSO DE TE **CONFUNDIR**?

> NÃO ME TINHA OCORRIDO ATÉ O MOMENTO.

A RESPOSTA É SURPREENDENTE: EMBORA SOMAS POSSAM SER MAIS FÁCEIS DE **IMAGINAR**, ELAS PODEM SER MAIS BEM **CALCULADAS** USANDO **DERIVADAS**!! COMO DESCOBRIRAM NEWTON E LEIBNIZ HÁ UMA RELAÇÃO SURPREENDENTE ENTRE SOMAS E DERIVADAS!

> COMO ESTAMOS PRESTES A VER...

SUPONHA QUE DELTA ESTÁ NOVAMENTE DIRIGINDO O SEU CARRO NUMA PISTA RETA, SÓ QUE AGORA OS VIDROS DAS JANELAS ESTÃO ESCURECIDOS.

TUDO O QUE ELA PODE VER É O VELOCÍMETRO E UM RELÓGIO QUE MARCA O TEMPO DECORRIDO. SERÁ QUE ELA PODE DEDUZIR ONDE ELA ESTÁ APÓS, DIGAMOS, 10 UNIDADES DE TEMPO?

VERIFICANDO t E $v(t)$, FREQUENTEMENTE, DELTA OBTÉM UMA SÉRIE DE LEITURAS DE VELOCIDADE $v(t_0)$, $v(t_1)$, $v(t_2)$, ... $v(t_i)$ ETC. NOS INSTANTES t_0, t_1, t_2, ... t_i, ..., t_n, ONDE $t_0 = 0$ E $t_n = 10$.

ELA PERCEBE QUE DURANTE UM INTERVALO CURTO $[t_{i-1}, t_i]$ SUA VELOCIDADE PERMANECE APROXIMADAMENTE CONSTANTE EM $v(t_{i-1})$, DE MODO QUE A MUDANÇA DE POSIÇÃO DURANTE ESTE INTERVALO É, APROXIMADAMENTE, A VELOCIDADE $v(t_{i-1})$ VEZES O TEMPO DECORRIDO:

$$s(t_i) - s(t_{i-1}) \approx v(t_{i-1})(t_i - t_{i-1})$$
$$= v(t_{i-1})\Delta t_i$$

ONDE $\Delta t_i = t_i - t_{i-1}$. A MUDANÇA DE POSIÇÃO DURANTE O i-ÉSIMO INTERVALO É BEM APROXIMADA POR $v(t_{i-1})\Delta t_i$.

SOMANDO TODAS ESTAS PARCELAS, RESULTA – APROXIMADAMENTE – NA MUDANÇA **TOTAL** DE POSIÇÃO ENTRE $t_0 = 0$ E 10:

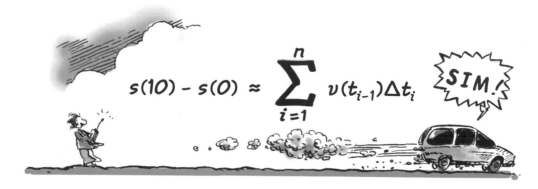

$$s(10) - s(0) \approx \sum_{i=1}^{n} v(t_{i-1})\Delta t_i$$

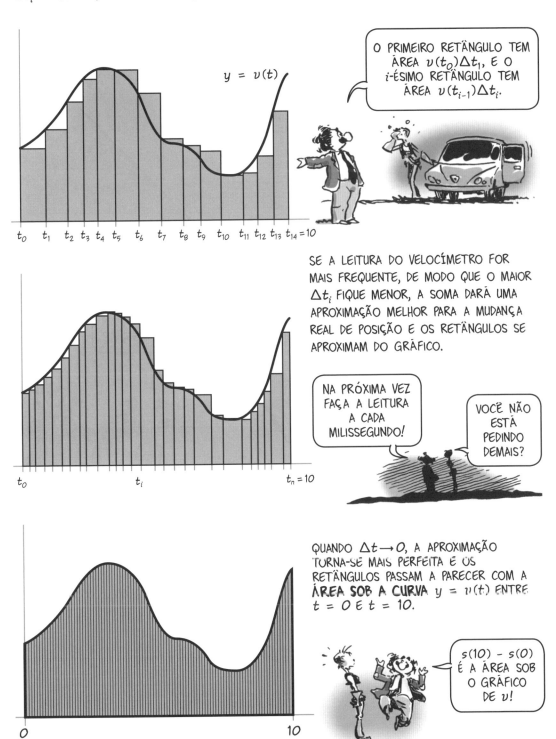

POR EXEMPLO, SUPONHA QUE A VELOCIDADE É DADA PELA EQUAÇÃO SIMPLES $v(t) = t$ METROS POR SEGUNDO. ENTÃO, A MUDANÇA DE POSIÇÃO APÓS 10 SEGUNDOS, $s(10) - s(0)$, DEVE SER A ÁREA SOB A CURVA $y = t$ ATÉ $t = 10$, QUE É A ÁREA DESTE TRIÂNGULO:

ÁREA = $\frac{1}{2}(10) \cdot (10) =$ 50 METROS

DE FATO, PODEMOS SUBSTITUIR QUALQUER INSTANTE T NO LUGAR DO 10:

ÁREA = $\frac{1}{2}T^2$

UMA VEZ QUE T É ARBITRÁRIO, ISTO SIGNIFICA QUE s, COMO FUNÇÃO DO TEMPO, TEM A FÓRMULA

$$s(T) = s(0) + \frac{1}{2}T^2$$

ONDE $s(0)$ É A POSIÇÃO INICIAL.

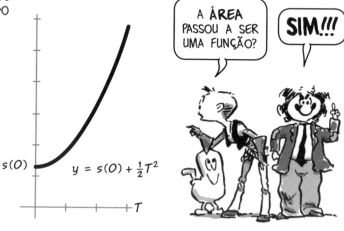

A ÁREA PASSOU A SER UMA FUNÇÃO?

SIM!!!

AGORA VAMOS **DERIVAR** $s(t)$.

$$s'(t) = \frac{d}{dt}\left(\frac{1}{2}t^2\right) = t$$

$$= v(t)$$

COMO DEVERIA SER, A DERIVADA DA FUNÇÃO POSIÇÃO s É A VELOCIDADE v. (O QUE É SURPREENDENTE É QUE A FUNÇÃO POSIÇÃO VEIO DA ÁREA SOB A CURVA DA VELOCIDADE!)

DERIVADA DA...ÁREA? O QUE ACABOU DE ACONTECER AQUI?

AO ENCONTRAR A POSIÇÃO A PARTIR DA VELOCIDADE, ESTAMOS **DERIVANDO AO CONTRÁRIO**. DADA UMA FUNÇÃO v, BUSCAMOS UMA FUNÇÃO s CUJA DERIVADA É v.

ATÉ ESTE PONTO NÓS SEMPRE HAVÍAMOS IDO DE UMA FUNÇÃO f PARA A SUA DERIVADA f'. AGORA QUEREMOS IR NO SENTIDO OPOSTO, DE f A ALGUMA FUNÇÃO F, ONDE $F' = f$.

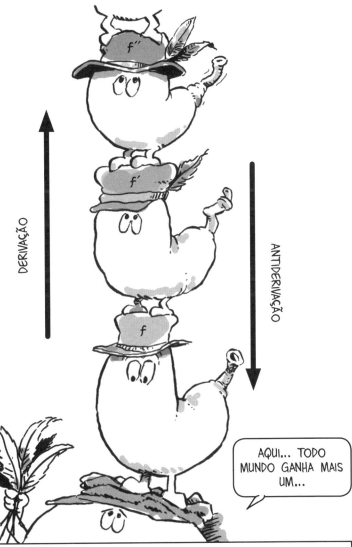

AQUI... TODO MUNDO GANHA MAIS UM...

ESTA FUNÇÃO F É CHAMADA DE UMA **ANTIDERIVADA** DE f. POR EXEMPLO, A POSIÇÃO s É UMA ANTIDERIVADA DA VELOCIDADE v.

ENGRAÇADO PENSAR QUE VOCÊ ESTAVA AÍ O TEMPO TODO...

SE NOSSO EXEMPLO COM A VELOCIDADE SERVE COMO GUIA (E É), ESTA REVERSÃO ENVOLVE UM PROCESSO DE SOMATÓRIA... E QUE, POR SUA VEZ, DESTRAVA O PROBLEMA DE ENCONTRAR ÁREAS.

PROBLEMAS

SUPONHA QUE A VELOCIDADE DE UM CARRO NUM INSTANTE t É $v(t) = 3t^2$ METROS POR SEGUNDO. FAÇA UMA ESTIMATIVA DA DISTÂNCIA PERCORRIDA ENTRE $t = 0$ E $t = 4$ SEGUNDOS SOMANDO RETÂNGULOS: COMECE DIVIDINDO O INTERVALO $[0, 4]$ EM QUATRO SEGMENTOS IGUAIS. SENDO $t_i = i$ PARA $i = 0, 1, 2, 3, 4$. CADA SEGMENTO $\Delta t_i = 1$.

1. FAÇA UMA SUBESTIMATIVA SOMANDO OS RETÂNGULOS SOB A CURVA. ENCONTRE:

$$E_{baixo} = \sum_{i=0}^{3} f(t_i) \Delta t_i = \sum_{i=0}^{3} 3i^2$$

2. FAÇA UMA SOBRE-ESTIMATIVA SOMANDO OS RETÂNGULOS **SOBRE** A CURVA. ENCONTRE:

$$E_{alto} = \sum_{i=1}^{4} f(t_i) \Delta t_i = \sum_{i=1}^{4} 3i^2$$

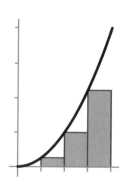 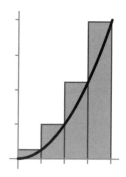

3. O QUE VOCÊ OBTÉM QUANDO DIVIDE A DIFERENÇA? ENCONTRE:

$$\tfrac{1}{2}(E_{alto} - E_{baixo})$$

VOCÊ PERCEBE QUE ESTA É A ÁREA DOS TRAPÉZIOS PINTADOS EM CINZA-CLARO?

4. TENTE MAIS UMA ESTIMATIVA: SEJA t_i O PONTO MÉDIO DO SEGMENTO $[i, i+1]$, OU SEJA, $t_i = (2i+1)/2$. ENCONTRE:

$$E_{MID} = \sum_{i=0}^{3} f(t_i) \Delta t_i = 3 \sum_{i=0}^{3} \left(\frac{2i+1}{2} \right)^2$$

 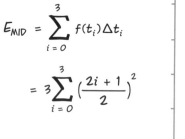 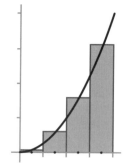

5. VOCÊ PODE IMAGINAR UMA FUNÇÃO $s(t)$ COM $s'(t) = 3t^2$? QUANTO É $s(4) - s(0)$? É PRÓXIMO A ALGUMA DE SUAS ESTIMATIVAS? QUAL ESTIMATIVA É MAIS PRÓXIMA A $s(4) - s(0)$?

6. REPITA O MESMO QUE FOI FEITO NAS QUESTÕES 1 - 5 PARA A FUNÇÃO $v(t) = 1/t$ ENTRE OS PONTOS $t = 1$ E $t = e^2$. USE RETÂNGULOS COM SEUS VÉRTICES INFERIORES NOS PONTOS $1, 2, ..., 7, e^2$. (ASSIM, VOCÊ TERÁ SEIS RETÂNGULOS COM BASE $\Delta t_i = 1$ E UM RETÂNGULO MAIS ESTREITO DE BASE $\Delta t_7 = e^2 - 7 \approx 0{,}39$.)

7. FAÇA UMA ESTIMATIVA DA ÁREA SOB OS DOIS GRÁFICOS USANDO O DOBRO DE RETÂNGULOS COM METADE DA LARGURA.

CAPÍTULO 9
PRIMITIVAS

MAIS UMA CONSTANTE!

INFELIZMENTE, O PROCESSO DE ENCONTRAR AS PRIMITIVAS OU ANTIDERIVADAS É **LIGEIRAMENTE** MAIS CONFUSO DO QUE O SEU INVERSO, A DIFERENCIAÇÃO.

POSSIVELMENTE, A FRASE CUJO SIGNIFICADO FOI MAIS REDUZIDO NOS ÚLTIMOS 400 ANOS...

POR EXEMPLO, SE $f(x) = x^3$, ENTÃO $f(x) = \frac{1}{4}x^4$ É UMA PRIMITIVA:

$$F'(x) = \frac{1}{4}(4x^3) = x^3$$

DE FORMA GENÉRICA, $g(x) = x^n$ TEM COMO PRIMITIVA:

$$G(x) = \frac{1}{n+1}x^{n+1}$$

ESTA É UMA PRIMITIVA DE g E NÃO **A** PRIMITIVA, POIS HÁ MUITAS OUTRAS. TODAS ESTAS TÊM COMO DERIVADA x^n:

$$G(x) = \frac{x^{n+1}}{n+1} + 3$$

$$H(x) = \frac{x^{n+1}}{n+1} + 7$$

$$P(x) = \frac{x^{n+1}}{n+1} + C$$

ONDE C É UMA CONSTANTE QUALQUER.

PORQUE A DERIVADA DE UMA CONSTANTE É IGUAL A ZERO.

SE F FOR UMA PRIMITIVA DE UMA FUNÇÃO f, ENTÃO F + C, PARA QUALQUER CONSTANTE C, TAMBÉM SERÁ.
$(F + C)' = F' = f$.
MOVER O GRÁFICO DE $y = F(x)$ PARA CIMA E PARA BAIXO NÃO AFETA A INCLINAÇÃO NUM PONTO x QUALQUER.

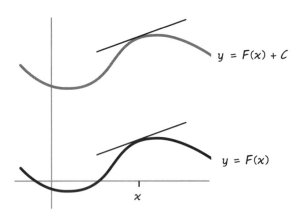

POR OUTRO LADO, SE $F' = f$, ENTÃO **QUALQUER PRIMITIVA** DE f DIFERE DE F POR UMA CONSTANTE.
PROVA: SE G FOR OUTRA PRIMITIVA QUALQUER, ENTÃO $(F - G)'(x) = f(x) - f(x) = 0$ PARA TODO x. MAS PELA CONSEQUÊNCIA (3) DO TEOREMA DO VALOR MÉDIO (PÁGINA 166), AS ÚNICAS FUNÇÕES COM DERIVADA NULA SÃO CONSTANTES, ASSIM, $F - G = C$, SENDO C UMA CONSTANTE QUALQUER.

AQUI ESTÁ COMO ESCREVER A FÓRMULA QUE SIGNIFICA "A PRIMITIVA DE f É $F + C$":

$$\int f = F + C \quad \text{OU} \quad \int f(x)\, dx = F(x) + C$$

O SÍMBOLO ALTO É UM **SINAL DE INTEGRAL**... A FUNÇÃO f É CHAMADA **INTEGRANDO**. O SÍMBOLO dx ESTÁ LÁ APENAS PARA IDENTIFICAR A VARIÁVEL, COMO ESTÁ EM df/dx, E NÃO É UM TERMO SEPARADO NA EQUAÇÃO. E, COMO USUAL, O NOME DA VARIÁVEL NÃO IMPORTA: TODAS ESTAS EXPRESSÕES SIGNIFICAM A MESMA COISA, NOMEADAMENTE A PRIMITIVA DE f:

$$\int f(x)\, dx, \quad \int f(t)\, dt, \quad \text{E} \quad \int f(y)\, dy$$

A PRIMITIVA É, POR VEZES, CHAMADA **INTEGRAL INDEFINIDA** DE f. INDEFINIDA PORQUE É DETERMINADA SOMENTE ATÉ A CONSTANTE C QUE SE SOMA. POR EXEMPLO,

$$\int x\, dx = \tfrac{1}{2}x^2 + C$$

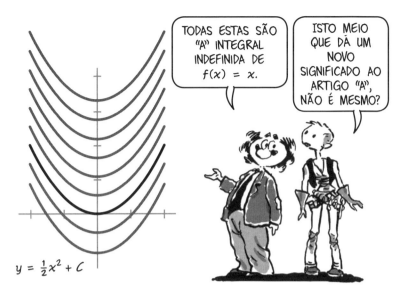

$y = \tfrac{1}{2}x^2 + C$

TODAS ESTAS SÃO "A" INTEGRAL INDEFINIDA DE $f(x) = x$.

ISTO MEIO QUE DÁ UM NOVO SIGNIFICADO AO ARTIGO "A", NÃO É MESMO?

DEPOIS DE JÁ TERMOS CALCULADO MUITAS DERIVADAS, JÁ SABEMOS ESTAS FÓRMULAS:

$$\int dx = x + C$$

(HÁ UM NÚMERO 1 NÃO ESCRITO, APÓS O SINAL DE INTEGRAL.)

$$\int x^p\, dx = \frac{1}{p+1} x^{p+1} + C$$

$$\int e^x\, dx = e^x + C$$

$$\int \operatorname{sen} x\, dx = -\cos x + C$$

$$\int \cos x\, dx = \operatorname{sen} x + C$$

$$\int \frac{dx}{1 + x^2} = \arctan x + C$$

$$\int \frac{dx}{\sqrt{1 - x^2}} = \operatorname{arcsen} x + C$$

$$\int \frac{1}{x}\, dx = \ln|x| + C$$

NOTE: O SINAL DE MÓDULO NA ÚLTIMA EQUAÇÃO É JUSTIFICADO, POIS, SE $x < 0$, ENTÃO

$$\frac{d}{dx} \ln(-x) = \frac{-1}{(-x)} = \frac{1}{x}$$

SE $x > 0$, ENTÃO $\frac{d}{dx}(\ln x) = \frac{1}{x}$ TAMBÉM.

JUNTAS IMPLICAM $\frac{d}{dx} \ln|x| = \frac{1}{x}$, $x \neq 0$

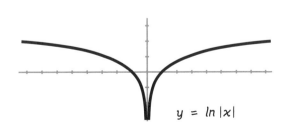

$y = \ln|x|$

E $\int \ln x\, dx$ É... HUM... AH... AHAM! ISTO PARECE FAMILIAR?

INFELIZMENTE, PARA INTEGRAR UMA FUNÇÃO, TEMOS DE RECONHECÊ-LA COMO A DERIVADA DE ALGUMA OUTRA QUE JÁ TENHAMOS VISTO. E, ATÉ AGORA, NADA APARECEU TENDO COMO DERIVADA $\ln x$.

DIFERENTE DA DIFERENCIAÇÃO, QUE FIZEMOS USANDO REGRAS SIMPLES, A INTEGRAÇÃO DEMANDA ALGUMA EXPERIÊNCIA. QUANTO MAIS DERIVADAS VOCÊ TENHA VISTO, MAIS SERÁ CAPAZ DE ENCONTRAR PRIMITIVAS...

SE A FUNÇÃO NO INTERIOR DO SINAL DE INTEGRAL (CONHECIDA COMO INTEGRANDO) É "ALGO COMO" UMA DERIVADA CONHECIDA, PODEMOS SEMPRE ENCONTRAR SUA PRIMITIVA SIMPLESMENTE POR CONJECTURA SEGUIDA DE ALGUNS PEQUENOS AJUSTES.

EXEMPLO 1: $\int e^{2x} dx$

SABEMOS QUE $f(x) = e^{2x}$ É ALGO COMO A DERIVADA DE $G(x) = e^{2x}$. DE FATO, $G'(x) = 2e^{2x}$, QUE ESTÁ DIFERENTE DA FUNÇÃO POR UM FATOR IGUAL A DOIS. AGORA TENTAMOS $F(x) = \frac{1}{2} e^{2x}$

$$F'(x) = \frac{1}{2}(2)e^{2x} = e^{2x} = f(x)$$

F É UMA PRIMITIVA E CONCLUÍMOS QUE

$$\int e^{2x} dx = \frac{1}{2} e^{2x} + C$$

SEGUIMOS ESTES PASSOS:

1. VEMOS SE O INTEGRANDO f SE PARECE COM UMA DERIVADA CONHECIDA MULTIPLICADA POR UMA CONSTANTE.

2. PROPOMOS UMA POSSÍVEL PRIMITIVA G.

3. DERIVAMOS G.

4. SE G' FOR IGUAL A f MULTIPLICADA POR UMA CONSTANTE, MULTIPLICAMOS G POR UM FATOR APROPRIADO PARA FAZERMOS UMA PROPOSIÇÃO MELHOR PARA F.

5. VERIFICAMOS SE $F' = f$.

6. REPETIMOS, SE NECESSÁRIO.

ESTE PROCEDIMENTO TEM UM NOME:

O MÉTODO DA TENTATIVA E VERIFICAÇÃO.

EXEMPLO 2: $\int \frac{1}{4+x^2} dx$

1. NOTE QUE O INTEGRANDO SE PARECE DE ALGUM MODO COM

$$\frac{1}{1+x^2}$$

QUE É A DERIVADA DO ARCO TANGENTE. VAMOS ESCREVÊ-LA COMO

$$f(x) = \frac{1}{4} \frac{1}{\left(1+\left(\frac{x}{2}\right)^2\right)}$$

2. ASSIM, PROPOMOS $G(x) = \arctan \frac{x}{2}$

3. DERIVANDO OBTÉM-SE

$$G'(x) = \frac{1}{2} \frac{1}{\left(1+\left(\frac{x}{2}\right)^2\right)} = 2f(x)$$

MAIOR POR UM FATOR IGUAL A 2.

4. FAZEMOS $F(x) = \frac{1}{2} \arctan\left(\frac{x}{2}\right)$.

5. A ÚLTIMA ETAPA, VERIFICAR SE $F'(x) = f(x)$, É DEIXADO PARA QUE VOCÊ O FAÇA, LEITOR DE SORTE! E NÓS CONCLUÍMOS QUE

$$\int \frac{1}{4+x^2} dx = \frac{1}{2}\arctan\left(\frac{x}{2}\right) + C$$

> A ÚNICA ETAPA QUE DEMANDOU PENSAMENTO FOI A PRIMEIRA... NAS RESTANTES HOUVE APENAS TRABALHO BRAÇAL...

ÀS VEZES, A REGRA DA CADEIA NOS AJUDA A IDENTIFICAR UMA FUNÇÃO COMO SENDO UMA DERIVADA. A REGRA DA CADEIA ESTABELECE QUE:

$$\frac{d}{dx}(u(v(x))) = v'(x)u'(v(x))$$

SE UM INTEGRANDO SE PARECE COM O LADO DIREITO DA IGUALDADE – OU SEJA, CONTÉM UMA FUNÇÃO INTERNA CUJA DERIVADA APARECE COMO UM FATOR –, ISTO IDENTIFICA O INTEGRANDO COMO SENDO UMA DERIVADA, E PODEMOS DESFAZER A CADEIA DE FUNÇÕES E OBTER A PRIMITIVA $F(x) = u(v(x))$.

> MAIS UMA CONSTANTE!

EXEMPLO 3: $\int 2xe^{x^2} dx$

1. NO INTEGRANDO, O FATOR $2x$ É A DERIVADA DA FUNÇÃO x^2, INTERNA À EXPONENCIAL, ASSIM PODEMOS TENTAR:

2. $F(x) = e^{x^2}$.

3. TESTE:

$$F'(x) = 2xe^{x^2} = f(x)$$

ESTAMOS COM SORTE: ACERTAMOS DE PRIMEIRA! ASSIM, PODEMOS ESCREVER:

$$\int 2xe^{x^2} dx = e^{x^2} + C$$

EXEMPLO 4: $\int \dfrac{x}{\sqrt{1+x^2}}\,dx$

1. O x NO NUMERADOR É, EXCETO POR UM FATOR CONSTANTE, A DERIVADA DA FUNÇÃO INTERNA $1+x^2$.

2. TENTAMOS $G(x) = (1+x^2)^{\frac{1}{2}}$.

3. $G'(x) = (2x)\dfrac{1}{2}(1+x^2)^{-\frac{1}{2}} = x(1+x^2)^{-\frac{1}{2}}$

= O INTEGRANDO.

NENHUMA CORREÇÃO É NECESSÁRIA, ASSIM PODEMOS DISPENSAR OS PASSOS 4 E 5, E PODEMOS ESCREVER DE IMEDIATO:

$$\int \dfrac{x}{\sqrt{1+x^2}}\,dx = \sqrt{1+x^2} + C$$

NOVAMENTE, PROCURAMOS PELA FUNÇÃO INTERNA E SUA DERIVADA COMO FATORES.

CHAMAMOS ESTA DE REGRA DA "DESENCADEIA"!

EXEMPLO 5A: $\int \operatorname{sen}^n \theta \cos d\theta$

1. LEMBRE, SE f FOR UMA FUNÇÃO QUALQUER, ENTÃO f^n TEM DERIVADA $nf^{n-1}f'$. NO INTEGRANDO, VEMOS UMA POTÊNCIA DO SENO VEZES SUA DERIVADA, O COSSENO. SERIA ISTO $\dfrac{d}{d\theta}(\operatorname{sen}^{n+1}\theta)$?

2. TENTE $G(\theta) = \operatorname{sen}^{n+1}\theta$

3. TESTE. $G'(\theta) = (n+1)\operatorname{sen}^n\theta\cos\theta$. HÁ UMA DIFERENÇA POR UM FATOR DE $n+1$.

4. $F(\theta) = \dfrac{\operatorname{sen}^{n+1}\theta}{n+1}$, ENTÃO,

POSSUI A DERIVADA CORRETA (VERIFICADO O ITEM 5!) E

$$\int \operatorname{sen}^n\theta\cos d\theta = \dfrac{\operatorname{sen}^{n+1}\theta}{n+1} + C$$

E CADA VEZ FICA MAIS CONFUSO...

MAIS DESTES TRUQUES, OU MELHOR, **TÉCNICAS** DE INTEGRAÇÃO APARECERÃO EM MAIORES DETALHES NO PRÓXIMO CAPÍTULO... MAS PRIMEIRO...

PROBLEMAS

ENCONTRE AS PRIMITIVAS. NÃO ESQUEÇA DE ADICIONAR A CONSTANTE!

1. $\int 6\, dx$

2. $\int \frac{2}{3} x^4\, dx$

3. $\int (x-2)^{50}\, dx$

4. $\int (1-x)^{-2}\, dx$

5. $\int (a-x)^n\, dx$

6. $\int \frac{2x}{9+x^2}\, dx$

7. $\int \frac{1}{\sqrt{4-x^2}}\, dx$

8. $\int \operatorname{sen} 2x\, dx$

9. $\int 2\operatorname{sen} x \cos x\, dx$

10. LEMBRE DA TRIGONOMETRIA QUE $\operatorname{sen} 2x = 2 \operatorname{sen} x \cos x$.

CONCLUA QUE
$$\cos 2x = -2\operatorname{sen}^2 x + C$$
PARA UMA CERTA CONSTANTE C.

11. QUAL É A CONSTANTE C NO PROBLEMA 10?

12. $\int \frac{3}{2} x^2 e^{(x^3+1)}\, dx$

13. $\int \operatorname{sen} x\, e^{\cos x}\, dx$

14. $\int \frac{x^2 - 4x}{\sqrt{x^3 - 6x^2}}\, dx$

15. $\int \frac{1}{x+1}\, dx$

16. $\int \frac{1}{x^2 - 1}\, dx$

(DICA: DECOMPONHA O INTEGRANDO EM FRAÇÕES PARCIAIS, COMO MOSTRADO NAS PÁGINAS 35-36.)

17. MOSTRE QUE SE F FOR UMA PRIMITIVA DE f, G FOR UMA PRIMITIVA DE g, E C E D FOREM DUAS CONSTANTES QUAISQUER, ENTÃO, $CF + DG$ É UMA PRIMITIVA DE $Cf + Dg$. (DICA: DERIVE $CF + DG$.)

ENCONTRE AS PRIMITIVAS:

18. $\int 2x^3 + 15x^2 - \frac{1}{2}x - 7\, dx$

19. $\int \operatorname{sen}^2 \theta \cos \theta + \cos^2 \theta \operatorname{sen} \theta\, d\theta$

20. $\int \frac{e^x + e^{-x}}{2}\, dx$

21. $\int \frac{3t^2}{t^3 - t^2 + 1}\, dt - \int \frac{2t}{t^3 - t^2 + 1}\, dt$

22. $\int t^{3/2} + t^{5/2} - 4t^{-7/2}\, dt$

23. $\int |x|\, dx$

(DICA: CONSIDERE SEPARADAMENTE VALORES POSITIVOS E NEGATIVOS DE x.) DESENHE O GRÁFICO DA PRIMITIVA.

24. SE $F'(x) = f(x)$, QUAL O VALOR DE
$$\int f(x-a)\, dx?$$

25. SE f FOR UMA FUNÇÃO DIFERENCIÁVEL, QUANTO VALE:
$$\int \frac{f'(x)}{f(x)}\, dx?$$

CAPÍTULO 10
A INTEGRAL DEFINIDA

ÁREAS, SOBRE E SOB

O QUE QUEREMOS DIZER AO FALARMOS DA ÁREA INTERNA A UMA FIGURA? SE A REGIÃO FOR RETANGULAR OU TRIANGULAR OU, AINDA, UM MONTE DE RETÂNGULOS E TRIÂNGULOS UNIDOS, TEMOS UMA IDEIA MUITO CLARA DO QUE SE TRATA: BASTA SOMAR A ÁREA DOS TRIÂNGULOS OU RETÂNGULOS.

MAS E SE A FIGURA TIVER UM CONTORNO CURVO? ENTÃO, QUAL SERIA A ÁREA?

POR QUESTÃO DE SIMPLICIDADE, VAMOS CONSIDERAR UM TIPO ESPECIAL DE REGIÃO LIMITADA EM TRÊS LADOS POR LINHAS RETAS: A ESQUERDA E DIREITA PELAS LINHAS VERTICAIS $x = a$, $x = b$, ABAIXO PELO EIXO x E ACIMA PELO GRÁFICO DE UMA FUNÇÃO QUALQUER $y = f(x)$, QUE ADMITIREMOS, NESTE MOMENTO, COMO SENDO APENAS POSITIVA. ESTA REGIÃO TEM APENAS UM LADO COM CURVAS.

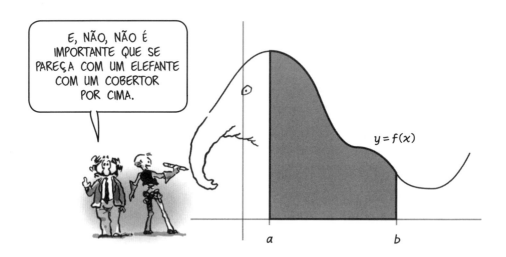

NOSSO PROCEDIMENTO SERÁ MAIS OU MENOS COMO O QUE FIZEMOS NA PÁGINA 171: SUBDIVIDIMOS O INTERVALO $[a, b]$ EM n SUBINTERVALOS, ESPALHANDO OS PONTOS x_0, x_1, x_2, ... x_i, ... x_n, ONDE $x_0 = a$ E $x_n = b$. PARA CADA $i \geq 1$, ESCOLHA QUALQUER PONTO x_i^* NO i-ÉSIMO INTERVALO $[x_{i-1}, x_i]$, E CONSTRUA UM RETÂNGULO NESTE INTERVALO COM ALTURA IGUAL A $f(x_i^*)$, TENDO COMO BASE $\Delta x_i = x_i - x_{i-1}$. FINALMENTE, SOME AS ÁREAS DOS RETÂNGULOS PARA OBTER UM VALOR APROXIMADO DA ÁREA DESEJADA.

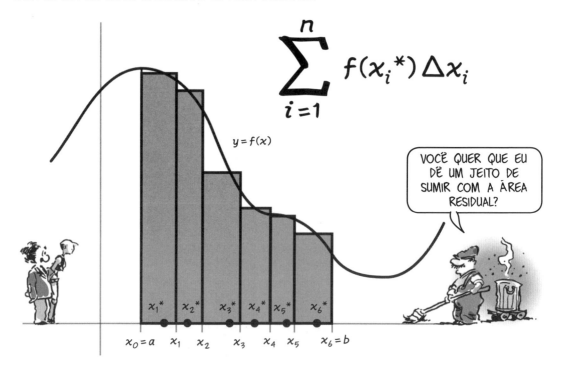

ESSA EXPRESSÃO É DENOMINADA **SOMATÓRIA DE RIEMANN**, EM HOMENAGEM A BERNHARD RIEMANN, UM MATEMÁTICO DO SÉCULO XIX QUE ERA TÃO ORIGINAL E BRILHANTE QUE RECEBEU ELOGIOS ATÉ MESMO DO GRANDE GAUSS, QUE NÃO ELOGIAVA NINGUÉM.

O PLANO, ENTÃO, É DEIXAR QUE AS SUBDIVISÕES FIQUEM CADA VEZ MENORES, SIGNIFICANDO QUE O MAIOR $\Delta x_i \to 0$, E VERIFICAMOS SE A SOMA DAS ÁREAS RETANGULARES SE APROXIMA DE UM LIMITE.

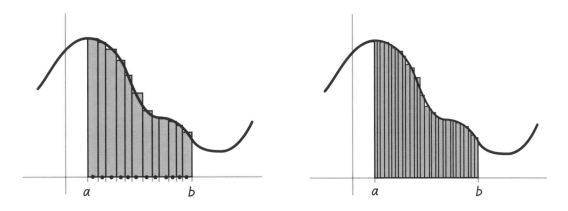

A RESPOSTA (POR QUE ESPERAR?) É **SIM**, DESDE QUE A FUNÇÃO f SEJA CONTÍNUA NO INTERVALO $[a, b]$ (VER PÁGINA 164). NESSE CASO, O VALOR LIMITANTE É CHAMADO **INTEGRAL DEFINIDA**, INTERPRETADA COMO A ÁREA SOB A CURVA E ESCRITA DA SEGUINTE FORMA:

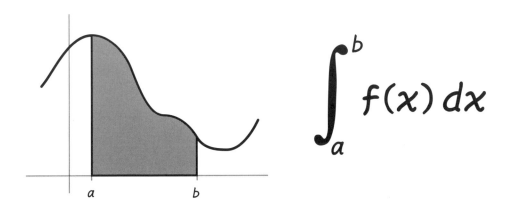

$$\int_a^b f(x)\,dx$$

ATENÇÃO! ALERTA DE TEORIA! ESTAS DUAS PÁGINAS ESBOÇAM A PROVA DE QUE AS SOMAS DE RIEMANN CONVERGEM PARA UM ÚNICO NÚMERO, A INTEGRAL DEFINIDA, QUANDO f FOR CONTÍNUA. LEITORES COM MENTE PURAMENTE PRÁTICA PODEM PULAR ESTA PARTE, SEGUIR DIRETO PARA A PÁGINA 190 E CONTINUAR LEVANDO SUAS VIDAS DE MODO PRODUTIVO E SAUDÁVEL...

ESBOÇO DA PROVA: ADMITA QUE f SEJA CONTÍNUA EM $[a, b]$. SEJA $\{a = x_0, x_1, \ldots x_n = b\}$ UMA SUBDIVISÃO DO INTERVALO. EM CADA SUBINTERVALO $[x_{i-1}, x_i]$, PELO TEOREMA DO VALOR LIMITE, f ATINGE UM MÁXIMO M_i E UM MÍNIMO m_i.

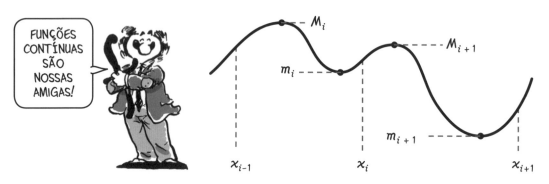

AGORA FAZEMOS SOMAS DE RIEMANN ESPECIAIS QUE SE ORIGINAM DOS GRÁFICOS ANTERIORES E POSTERIORES.

A **SOMA INFERIOR** DESTA SUBDIVISÃO É DEFINIDA POR

$$s = \sum_{i=1}^{n} m_i \Delta x_i$$

A **SOMA SUPERIOR** É DEFINIDA POR

$$S = \sum_{i=1}^{n} M_i \Delta x_i$$

CLARAMENTE, $S > s$... E NÃO É MUITO DIFÍCIL PERCEBER QUE **TODA** SOMA SUPERIOR É MAIOR QUE **TODA** SOMA INFERIOR, INDEPENDENTEMENTE DA SUBDIVISÃO NA QUAL ESTEJAM BASEADAS...

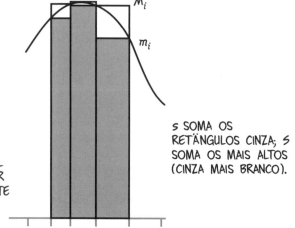

s SOMA OS RETÂNGULOS CINZA; S SOMA OS MAIS ALTOS (CINZA MAIS BRANCO).

EM SEGUIDA, INVOCAMOS ESTE FATO, DADO SEM PROVA: SEJA QUALQUER $\varepsilon > 0$, É POSSÍVEL SUBDIVIDIR $[a, b]$ DE MODO QUE $|f(c) - f(d)| < \varepsilon$ **QUAISQUER QUE SEJAM** c E d **NO MESMO SUBINTERVALO**. ENTÃO, PARA ESTA SUBDIVISÃO, $M_i - m_i < \varepsilon$ PARA **TODO** i.

ISTO FAZ COM QUE AS SOMAS SUPERIOR E INFERIOR SE APROXIMEM, À MEDIDA QUE A SUBDIVISÃO FICA MAIS REFINADA. POIS, DADO QUALQUER $\varepsilon > 0$, PODEMOS FAZER UMA SUBDIVISÃO TÃO REFINADA QUE

$$M_i - m_i < \frac{\varepsilon}{b - a} \quad \text{PARA TODO } i.$$

NESSE CASO,

$$S - s = \sum_{i=1}^{n} (M_i - m_i) \Delta x_i$$
$$< \sum_{i=1}^{n} \frac{\varepsilon}{b - a} \Delta x_i = \frac{\varepsilon}{b - a} \sum_{i=1}^{n} \Delta x_i$$
$$= \frac{\varepsilon}{b - a}(b - a) = \varepsilon$$

PORQUE AS SOMAS INFERIOR E SUPERIOR SE APROXIMAM DE MODO ARBITRÁRIO, DEVE HAVER **EXATAMENTE UM NÚMERO** ENCAIXADO ENTRE ELAS. (OUTRA CONSEQUÊNCIA DE UMA PROFUNDA, SUTIL ETC.). A INTEGRAL DEFINIDA DE f DE a ATÉ b É **DEFINIDA** COMO SENDO ESTE NÚMERO!

AGORA DE VOLTA AO QUE VOCÊ REALMENTE PRECISA SABER.

OI DE NOVO!

O QUE ACONTECE QUANDO UMA FUNÇÃO g FOR NEGATIVA? SEMPRE QUE O VALOR $g(x_i^*) < 0$, ASSIM SERÁ O TERMO $g(x_i^*)\Delta x_i$ NA SOMA DE RIEMANN. (POIS Δx_i É POSITIVO.)

PARA FINS DE ILUSTRAÇÃO, COMEÇAMOS ESTE CAPÍTULO COM UMA FUNÇÃO **NÃO NEGATIVA**... MAS NA VERDADE AS SOMAS DE RIEMANN CONVERGEM PARA A INTEGRAL DEFINIDA PARA **QUALQUER** FUNÇÃO CONTÍNUA NUM INTERVALO FECHADO.

EM OUTRAS PALAVRAS, ÁREAS **ABAIXO** DO EIXO x SÃO CONSIDERADAS **NEGATIVAS**. NA INTEGRAL DEFINIDA, ÁREAS ABAIXO DO EIXO x COMPENSAM ÁREAS ACIMA DO EIXO. DO MESMO MODO COMO A DERIVADA É "VELOCIDADE ASSINALADA", A INTEGRAL É "ÁREA ASSINALADA".

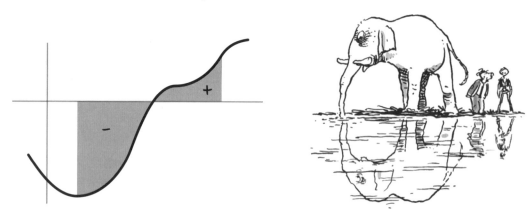

EXEMPLO: EMBORA NÃO SAIBAMOS COMO CALCULAR INTEGRAIS DEFINIDAS, PODEMOS VER DIRETAMENTE QUE

$$\int_0^{2\pi} \operatorname{sen}\theta \, d\theta = 0$$

POIS A REGIÃO ENTRE π E 2π, QUE ESTÁ ABAIXO DO EIXO x, É EXATAMENTE A IMAGEM ESPELHADA DA REGIÃO POSITIVA ENTRE 0 E π. ESTAS DUAS ÁREAS SE CANCELAM.

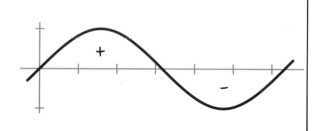

TAMBÉM PODEMOS INTEGRAR ALGUMAS FUNÇÕES QUE NÃO SÃO CONTÍNUAS.

EXEMPLO: O LIMPADOR DE PARA-BRISA EM MUITOS CARROS TEM UM **MODO INTERMITENTE DE FUNCIONAMENTO**: CARGA ELÉTRICA ACUMULA NUM CAPACITOR NO MECANISMO DE CONTROLE...

QUANDO A CARGA ATINGE CERTO VALOR LIMITE, ELA FECHA O CIRCUITO E A PALHETA DO LIMPADOR FAZ UMA VARREDURA.

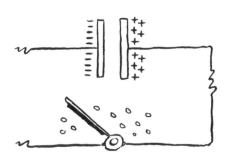

O GRÁFICO DA CARGA NO CAPACITOR, EM FUNÇÃO DO TEMPO, PARECE COM ESTE. TEM SALTOS.

MESMO ASSIM, PODEMOS INTEGRÁ-LO: BASTA SOMAR AS ÁREAS NAS PARTES EM QUE A FUNÇÃO FOR CONTÍNUA.

$$\int_a^b q(t)\, dt =$$

SOMA DAS ÁREAS DOS TRIÂNGULOS OU PARTES DE TRIÂNGULOS.

ISTO ILUSTRA UMA FÓRMULA IMPORTANTE. SE c FOR UM PONTO ENTRE a E b, ENTÃO

$$\int_a^c f(x)\, dx + \int_c^b f(x)\, dx = \int_a^b f(x)\, dx$$

ISTO É ÓBVIO E OMITIMOS A PROVA. A ÁREA TOTAL (ASSINALADA) É A SOMA DAS DUAS PARTES.

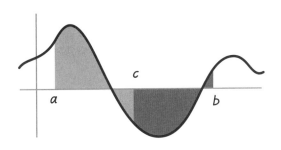

VAMOS COMEÇAR FAZENDO UM DO JEITO DIFÍCIL - FAZENDO O LIMITE DAS SOMAS DE RIEMANN.

EXEMPLO: MOSTRE QUE $\int_0^1 x \, dx = \frac{1}{2}$

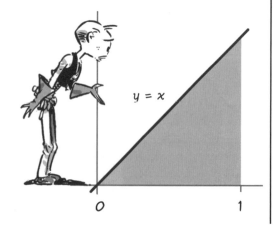

SUBDIVIDA O INTERVALO [0, 1] EM n PARTES IGUAIS USANDO OS PONTOS $\{0, 1/n, 2/n, ..., 1\}$. ENTÃO, CADA SUBINTERVALO TEM LARGURA $\Delta x = 1/n$, E $f(x_i) = i/n$. ENTÃO, A SOMA SUPERIOR É

$$\sum_{i=1}^{n} f(x_i) \Delta x$$

$$= \sum_{i=1}^{n} \left(\frac{i}{n}\right)\left(\frac{1}{n}\right) = \frac{1}{n^2} \sum_{i=1}^{n} i$$

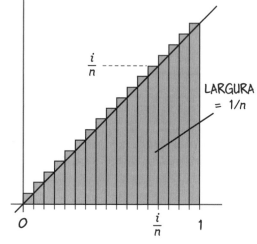

AGORA VOCÊ PODE LEMBRAR (SE NÃO LEMBRA, PROCURE!) DA FÓRMULA PARA A SOMA DOS PRIMEIROS n NÚMEROS INTEIROS POSITIVOS:

$$\sum_{i=1}^{n} i = \frac{n(n+1)}{2} = \frac{n^2 + n}{2}$$

A SOMA DE RIEMANN É, ENTÃO

$$\frac{1}{n^2} \sum_{i=1}^{n} i = \frac{n^2 + n}{2n^2} = \frac{1}{2} + \frac{1}{2n}$$

À MEDIDA QUE $n \to \infty$ E A SUBDIVISÃO FICA CADA VEZ MAIS REFINADA, ESTA SOMA SE APROXIMA DE 1/2. ASSIM,

$$\int_0^1 x \, dx = \frac{1}{2}$$

OK... FOI APENAS UM TRIÂNGULO... MAS TIVEMOS TODO O TRABALHO PARA MARCAR UMA POSIÇÃO: NEWTON E LEIBNIZ, AO INVENTAREM O CÁLCULO, LIVRARAM TODO MUNDO DE TER MUITO TRABALHO. A GRANDE SACADA DELES EM RELAÇÃO ÀS INTEGRAIS É TÃO IMPORTANTE QUE, DE FATO, É CHAMADA **TEOREMA FUNDAMENTAL DO CÁLCULO**. COBRIREMOS ESTE TÓPICO EM SEGUIDA...

A PROPÓSITO... CASO VOCÊ ESTEJA SE PERGUNTANDO POR QUE NÃO HÁ UMA CONSTANTE SOMADA NA ÚLTIMA RESPOSTA, DEVE LEMBRAR SEMPRE QUE INTEGRAIS DEFINIDAS SÃO **DEFINIDAS**: UMA INTEGRAL DEFINIDA É UMA ÁREA ASSINALADA, UM NÚMERO. A INTEGRAL **INDEFINIDA**, OU PRIMITIVA, POSSUI UMA CONSTANTE ADICIONADA.

PROBLEMAS

1. DEFINA UMA FUNÇÃO g POR

$g(x) = 1$ SE $2n \leq x < 2n + 1$

$g(x) = -1$ SE $2n + 1 \leq x < 2n + 2$

PARA TODOS OS INTEIROS $n = 0, \pm 1, \pm 2, \ldots$.
DESENHE O GRÁFICO DE g.

CALCULE A INTEGRAL

$$\int_{-4,086}^{7,358} g(x)\, dx$$

---

2. DADA A FUNÇÃO $g(t) = t^2$ E UM NÚMERO QUALQUER T, FAÇA A SOMA DE RIEMANN ENTRE 0 E T DA SEGUINTE MANEIRA. SUBDIVIDA O INTERVALO $[0, T]$ EM n INTERVALOS IGUAIS POR MEIO DOS PONTOS $\{0, T/n, 2T/n, \ldots iT/n, \ldots, nT/n = T\}$. FAZENDO $t_i = iT/n$, NOTE QUE $\Delta t_i = 1/n$, ASSIM UMA SOMA DE RIEMANN S_n É

$$S_n = \sum_{i=1}^{n} \left(\frac{iT}{n}\right)^2 \left(\frac{1}{n}\right)$$

SIMPLIFIQUE ESTA EXPRESSÃO. DEPOIS USE ESTA FÓRMULA (DESCOBERTA PELOS GREGOS ANTIGOS)...

$$\sum_{i=1}^{n} i^2 = \frac{n(n+1)(2n+1)}{6}$$

... PARA DERIVAR UMA FÓRMULA PARA S_n EM TERMOS DE n E T. MOSTRE QUE, À MEDIDA QUE $n \to \infty$,

$$S_n \to \tfrac{1}{3} T^3.$$

O QUE VOCÊ CONCLUI DO FATO DESTA EXPRESSÃO SER NEGATIVA QUANDO $T < 0$?

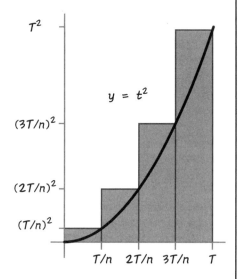

---

3. USANDO A FÓRMULA PARA A SOMA DOS CUBOS

$$\sum_{i=1}^{n} i^3 = \left(\frac{n(n+1)}{2}\right)^2$$

MOSTRE, COMO NO ITEM ANTERIOR, QUE

$$\int_{0}^{T} t^3\, dt = \tfrac{1}{4} T^4$$

4. NA PÁGINA 163, MOSTRAMOS UMA FUNÇÃO QUE NÃO É CONTÍNUA EM $x = 2$.

$f(x) = \dfrac{1}{|x - 2|}$ SE $x \neq 2$

$f(2) = 1$

EXPLIQUE POR QUE NÃO HÁ SOMA SUPERIOR PARA f EM QUALQUER INTERVALO CONTENDO $x = 2$.

CAPÍTULO 11
FUNDAMENTALMENTE...

NO QUAL TUDO SE JUNTA

NO CAPÍTULO 8, DESCOBRIMOS QUE A POSIÇÃO, PRIMITIVA DA VELOCIDADE, APARECIA COMO A ÁREA SOB O GRÁFICO DA VELOCIDADE. ESSE RESULTADO NÃO É COINCIDÊNCIA, COMO VIMOS. AS INTEGRAIS DE **TODAS** AS BOAS FUNÇÕES SÃO ENCONTRADAS A PARTIR DE SUAS PRIMITIVAS! SEM MAIS DELONGAS, ENTÃO, AQUI ESTÁ O...

TEOREMA FUNDAMENTAL DO CÁLCULO V.1:

SE f FOR UMA FUNÇÃO CONTÍNUA NO INTERVALO [A, B] E F FOR **QUALQUER** PRIMITIVA DE f EM $[a, b]$, ENTÃO

$$\int_a^b f(x)\, dx = F(b) - F(a)$$

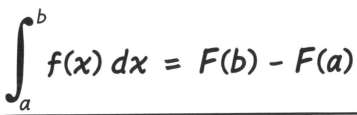

ESTE TEOREMA EXTRAORDINÁRIO UNE DERIVADAS E INTEGRAIS. ELE DIZ: PARA CALCULAR UMA INTEGRAL DEFINIDA, ENCONTRE PRIMEIRO UMA PRIMITIVA DO INTEGRANDO, DEPOIS CALCULE ESSA PRIMITIVA NOS DOIS LIMITES E, FINALMENTE, FAÇA A DIFERENÇA! E **ISSO É TUDO!**

EXEMPLO: ENCONTRE $\int_0^1 x\, dx$

PRIMEIRO, ENCONTRE A PRIMITIVA DE $f(x) = x$. SABEMOS QUE $F(x) = \frac{1}{2}x^2$ É UMA. O TEOREMA ENTÃO DIZ QUE:

$$\int_0^1 x\, dx = F(1) - F(0)$$
$$= \tfrac{1}{2}(1)^2 - \tfrac{1}{2}(0)^2$$
$$= \tfrac{1}{2}$$

CONFORME VIMOS, COM MUITO MAIS DIFICULDADE, NAS TRÊS PÁGINAS ANTERIORES.

AINDA ASSIM, É SÓ A ÁREA DE UM TRIÂNGULO...

TEM MAIS!

EXEMPLO: $\int_{-1}^{5} x^3\, dx$

SABEMOS QUE $F(x) = \frac{1}{4}x^4$ É UMA PRIMITIVA, ASSIM A INTEGRAL É

$$F(5) - F(-1) = \tfrac{1}{4}(5)^4 - \tfrac{1}{4}(-1)^4$$
$$= \frac{625 - 1}{4} = 156$$

ESTA DIFERENÇA É NORMALMENTE ESCRITA $\frac{1}{4}x^4 \Big|_{-1}^{5}$

EXEMPLO: $\int_0^b x^n\, dx$

$G(x) = \dfrac{x^{n+1}}{n+1}$ É UMA PRIMITIVA, ASSIM

$$\int_0^b x^n\, dx = \frac{x^{n+1}}{n+1}\Big|_0^b = \frac{b^{n+1}}{n+1}$$

EXEMPLO: $\int_0^{\pi/2} \operatorname{sen}\theta\, d\theta =$

$$-\cos\theta \Big|_0^{\pi/2} = -\cos\left(\tfrac{\pi}{2}\right) - (-\cos 0)$$
$$= 0 + 1 = 1$$

EXEMPLO:

$$\int_0^1 \frac{1}{1+u^2}\, du = \arctan u \Big|_0^1$$
$$= \arctan 1 - \arctan 0$$
$$= \tfrac{\pi}{4} - 0 = \frac{\pi}{4}$$

(AQUI FIZEMOS u COMO A VARIÁVEL DE INTEGRAÇÃO SÓ PARA LEMBRAR A VOCÊ QUE QUALQUER LETRA SERVE!)

VOCÊ ESTÁ CERTO! É DEMAIS! EU ESTOU **COMPLETAMENTE** SEM TER O QUE DIZER...

E EU AINDA POSSO TE OUVIR...

AQUI ESTÃO ALGUNS MODOS DE ENTENDER A RELAÇÃO FUNDAMENTAL ENTRE DERIVADAS E INTEGRAIS. UM É VER DIRETAMENTE POR QUE A "DERIVADA DA ÁREA" É A PRÓPRIA FUNÇÃO ORIGINAL. PARA FAZER ISTO, TEMOS DE TRANSFORMAR A INTEGRAL NUMA FUNÇÃO.

BEM, DADA UMA FUNÇÃO f, FIXAMOS UMA EXTREMIDADE DA INTEGRAÇÃO E DEIXAMOS A OUTRA EXTREMIDADE VARIAR. ASSIM, A ÁREA TAMBÉM VARIA: A ÁREA SE TORNA UMA **FUNÇÃO DA SEGUNDA EXTREMIDADE**.

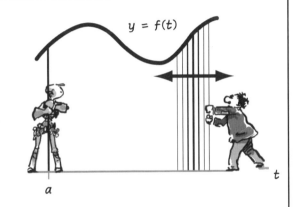

SE x FOR UMA EXTREMIDADE VARIÁVEL E $A(x)$ A ÁREA, PODEMOS ESCREVER ESTA ÁREA* COMO SENDO

$$A(x) = \int_a^x f(t)\,dt$$

ENTÃO, O QUE ESTAMOS DIZENDO É:

$$A'(x) = f(x)$$

* POR ÁREA, SEMPRE QUEREMOS DIZER QUE SE TRATA DA ÁREA ASSINALADA. TAMBÉM TEMOS DE ADMITIR A POSSIBILIDADE DE QUE A EXTREMIDADE VARIÁVEL ESTEJA À **ESQUERDA** DE a, CASO NO QUAL, CONCORDAMOS QUE

$$\int_a^x f(t)\,dt \quad \text{É IGUAL A} \quad -\int_x^a f(t)\,dt$$

AQUI ESTÁ UMA AFIRMAÇÃO FORMAL:

TEOREMA FUNDAMENTAL DO CÁLCULO, V.2

SE f FOR CONTÍNUA, SE a ESTIVER EM SEU DOMÍNIO, E SE A FOR DEFINIDA COMO

$$A(x) = \int_a^x f(t)\,dt$$

ENTÃO A É DERIVÁVEL E $A'(x) = f(x)$.

PROVA: SE F TIVER UMA DERIVADA, ELA DEVE SER ESTE LIMITE SE O MESMO EXISTIR:

$$A'(x) = \lim_{h \to 0} \frac{A(x+h) - A(x)}{h}$$

DA DEFINIÇÃO DE A,

$$A(x+h) - A(x) =$$

$$\int_a^{x+h} f(t)\,dt - \int_a^x f(t)\,dt = \int_x^{x+h} f(t)\,dt$$

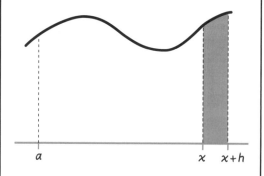

ESTA TIRA TEM ALTURA $\approx f(x)$, LARGURA = h, E LOGO A ÁREA $\approx hf(x)$, ASSIM

$$\frac{área}{h} \approx \frac{hf(x)}{h} = f(x)$$

PODEMOS FAZER ESTE ARGUMENTO PRECISO: UMA INTEGRAL DEFINIDA ESTÁ LIMITADA POR SUAS SOMAS INFERIOR E SUPERIOR:

$$mh \leq \int_x^{x+h} f(t)\,dt \leq Mh$$

ONDE m E M SÃO, RESPECTIVAMENTE, OS LIMITES INFERIOR E SUPERIOR DE f EM $[x, x+h]$. ENTÃO

$$m \leq \frac{A(x+h) - A(x)}{h} \leq M$$

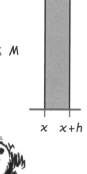

À MEDIDA QUE $h \to 0$, m E M SE APROXIMAM!

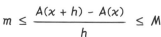

COMO f É CONTÍNUA, TANTO m QUANTO M SE APROXIMAM DE $f(x)$ À MEDIDA QUE $h \to 0$, ASSIM, PELO TEOREMA SANDUÍCHE,

$$\lim_{h \to 0} \frac{A(x+h) - A(x)}{h} = f(x)$$

ΔA É A ÁREA DAQUELA TIRA ESTREITA NA BORDA DA INTEGRAL DEFINIDA. A LARGURA DA TIRA É h, SUA ALTURA É APROXIMADAMENTE $f(x)$, TAL QUE A ÁREA É APROXIMADAMENTE $hf(x)$*. ASSIM

$$\frac{\Delta A}{h} \approx \frac{hf(x)}{h} = f(x)$$

AQUELA PEQUENA CUNHA NO TOPO NADA MAIS É DO QUE $(M - m)h$... EM OUTRAS PALAVRAS, É UMA PULGA!

$$\Delta A = hf(x) + \text{PULGA}$$

ASSIM $A'(x) = f(x)$.

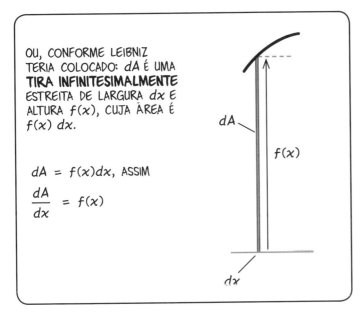

OU, CONFORME LEIBNIZ TERIA COLOCADO: dA É UMA **TIRA INFINITESIMALMENTE** ESTREITA DE LARGURA dx E ALTURA $f(x)$, CUJA ÁREA É $f(x)\,dx$.

$dA = f(x)dx$, ASSIM
$$\frac{dA}{dx} = f(x)$$

EU TE DISSE QUE MINHA NOTAÇÃO É MELHOR!

DE TODO MODO, O PONTO É ESTE: **A TAXA DE VARIAÇÃO DA ÁREA NUM PONTO É DADA PELA ALTURA DO GRÁFICO NAQUELE PONTO.**

* $f(x + h)$ É APROXIMADAMENTE $f(x)$, POIS f É ADMITIDA CONTÍNUA: ELA NÃO PODE VARIAR COMO UMA MALUCA NAS PROXIMIDADES DE x.

AGORA PODEMOS PROVAR A VERSÃO 1 DO TEOREMA FUNDAMENTAL. ELA DECORRE DIRETAMENTE DO FATO DE QUE QUALQUER PRIMITIVA DEVE DIFERIR DE A(x) POR UM FATOR CONSTANTE.

PROVA DO TEOREMA FUNDAMENTAL, V. 1:

QUEREMOS MOSTRAR QUE SE G FOR UMA PRIMITIVA **QUALQUER** DE UMA FUNÇÃO CONTÍNUA f, ENTÃO

$$\int_a^b f(t)\, dt = G(b) - G(a)$$

PROVA: DO TEOREMA FUNDAMENTAL, V. 2, UMA PRIMITIVA A DE f É

$$A(x) = \int_a^x f(t)\, dt$$

NOTE QUE $A(a) = 0$, ASSIM, PARA ESTA PRIMITIVA PARTICULAR, DE QUALQUER MODO

$$\int_a^b f(t)\, dt = A(b) - A(a)$$

MAS G DEVE DIFERIR DE A POR UMA CONSTANTE:

$$G(x) = A(x) + C$$

ASSIM

$$\int_a^b f(t)\, dt = A(b) - A(a)$$
$$= A(b) + C - (A(a) + C)$$
$$= G(b) - G(a)$$

CEEEE--QUUUEEE--DEEEEE!!

EXEMPLO: MOSTRE QUE $\int_1^x \frac{1}{t}\, dt = \ln x$ SE $x > 0$.

PELO TEOREMA FUNDAMENTAL, VERSÃO 1,

$$\int_1^x \frac{1}{t}\, dt = F(x) - F(1),$$

ONDE F É UMA PRIMITIVA DE $1/t$.
$F(t) = \ln t$ É **UMA** PRIMITIVA, ASSIM

$$\int_1^x \frac{1}{t}\, dt = \ln t \Big|_1^x = \ln x - \ln 1 = \ln x$$

POIS $\ln 1 = 0$.

NOTE QUE, QUANDO $x < 1$, A INTEGRAL É **NEGATIVA**, UMA VEZ QUE INTEGRAMOS DA DIREITA PARA A ESQUERDA (E O INTEGRANDO É POSITIVO).

EXEMPLO:

$$\int_0^x \frac{1}{\sqrt{1-u^2}}\, du = \operatorname{arcsen} x$$

POIS $\operatorname{arcsen} 0 = 0$.

NOVAMENTE, AQUI, PODEMOS TER DE INTEGRAR DA DIREITA PARA A ESQUERDA E O ARCSEN É NEGATIVO QUANDO $-1 \leq x < 0$.

E QUANTO A ISTO? EMBORA O INTEGRANDO VÁ PARA ∞ NO EXTREMO, A ÁREA NÃO VAI! $\operatorname{arcsen} 1 = \pi/2$!

PROBLEMAS

CALCULE ESTAS INTEGRAIS

1. $\int_{-3}^{20} 6\, dx$

2. $\int_{-1}^{5} \frac{2}{3} x^4\, dx$

3. $\int_{3}^{4} (x-2)^{50}\, dx$

4. $\int_{1/2}^{2/3} (1-x)^{-2}\, dx$

5. $\int_{a}^{a+1} (a-x)^n\, dx$

QUANDO A INTEGRAL NO PROBLEMA 5 NÃO É DEFINIDA?

6. $\int_{\sqrt{2}}^{2} \frac{1}{\sqrt{4-x^2}}\, dx$

7. $\int_{\pi/4}^{7\pi/2} \operatorname{sen} 2x\, dx$

8. $\int_{2}^{e^2+1} \frac{dx}{1-x}$

9. $\int_{4}^{25} t^{3/2} + t^{5/2} - 4t^{-7/2}\, dt$

10. $\int_{-1}^{2} \frac{3}{2} x^2 e^{(x^3+1)}\, dx$

11. $\int_{5\pi/6}^{11\pi/6} \operatorname{sen}^2\theta \cos\theta + \cos^2\theta \operatorname{sen}\theta\, d\theta$

12. MOSTRE QUE SE $|f(x)| \leq M$ NUM INTERVALO $[a, b]$ PARA ALGUM NÚMERO M, ENTÃO

$$\left|\int_{a}^{b} f(x)\, dx\right| \leq M(b-a)$$

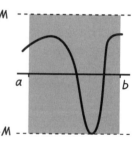

CONCLUA QUE, SE HÁ DUAS FUNÇÕES f E g TAIS QUE $|f(x) - g(x)| \leq \varepsilon$ EM TODO O INTERVALO, ENTÃO

$$\left|\int_{a}^{b} f(x) - g(x)\, dx\right| \leq \varepsilon(b-a)$$

EM OUTRAS PALAVRAS, SE DUAS FUNÇÕES SÃO PRÓXIMAS NUM INTERVALO, SUAS INTEGRAIS TAMBÉM SÃO PRÓXIMAS.

13. DA ÁLGEBRA, LEMBRE QUE

$$1 - t^n = (1-t)(1 + t + t^2 + \ldots + t^{n-1})$$

OU

$$\frac{1 - t^n}{1 - t} = 1 + t + t^2 + \ldots + t^{n-1}$$

CONCLUA QUE $1 + t + t^2 + \ldots + t^{n-1}$ É PRÓXIMA DE $1/(1-t)$ QUANDO t FOR PEQUENO.

14. AGORA SUBSTITUA $t = -x^2$ PARA OBTER

$$\frac{1}{1 + x^2} \approx 1 - x^2 + x^4 - x^6 - \ldots + (-1)^n x^{2n}$$

INTEGRE DE 0 A 1:

$$\int_{0}^{1} \frac{1}{1+x^2}\, dx \approx \int_{0}^{1} 1 - x^2 + x^4 - \ldots + (-1)^n x^{2n}\, dx$$

CALCULE OS DOIS LADOS PARA ENCONTRAR UMA FÓRMULA BATIZADA EM HOMENAGEM A LEIBNIZ (EMBORA TENHA SIDO DESCOBERTA NA ÍNDIA, SÉCULOS ANTES!)

CAPÍTULO 12
INTEGRAIS QUE MUDAM DE FORMA
MAIS JEITOS DE ENCONTRAR PRIMITIVAS

PARA INTEGRAR UMA FUNÇÃO, "TUDO" O QUE TEMOS DE FAZER É ENCONTRAR A SUA PRIMITIVA. MAS ISTO PODE NÃO SER FÁCIL... A FUNÇÃO PODE NÃO PARECER FAMILIAR... PODEMOS NÃO RECONHECÊ-LA COMO SENDO A DERIVADA DE OUTRA... PODE PARECER DESANIMADOR... ASSIM, OS MATEMÁTICOS DESENVOLVERAM MÉTODOS PARA IR ARRUMANDO AS INTEGRAIS DE MODO A SER MAIS FÁCIL DE "DESVENDÁ-LAS..."

SUBSTITUIÇÃO DE VARIÁVEIS

DE AGORA EM DIANTE VAMOS ADOTAR A NOTAÇÃO DE LEIBNIZ E USAREMOS dx, dt, du, dV, dF ETC., COMO SE FOSSEM QUANTIDADES PEQUENAS. NÃO SE PREOCUPE COM ISTO! ISTO TORNA A VIDA MAIS FÁCIL E REALMENTE NÃO TE DEIXARÁ EM DIFICULDADES...

VAMOS COMEÇAR COM ESTA EQUAÇÃO BÁSICA, QUANDO u É UMA FUNÇÃO DE x:

$$\frac{du}{dx} = u'(x)$$

QUE PASSA A SER

$$du = u'(x)\,dx$$

QUE REALMENTE CORRESPONDE A

$$\int du = \int u'(x)\,dx = u + C$$

QUE SABEMOS SER VERDADEIRA PELO TEOREMA FUNDAMENTAL!

AGORA VAMOS COLOCAR OUTRA FUNÇÃO v NA CADEIA, EM QUE v É UMA FUNÇÃO DE u. ASSIM COMO ANTES

$$dv = v'(u)\,du$$

SUBSTITUA $du = u'(x)\,dx$ PARA OBTER

$$dv = v'(u(x))\,u'(x)\,dx$$

QUE É OUTRO MODO DE ESCREVER A REGRA DA CADEIA. ISTO SIGNIFICA QUE

$$v + C = \int v'(u)\,du = \int v'(u(x))\,u'(x)\,dx$$

POR QUE ISTO AJUDA? PORQUE NOS PERMITE SIMPLIFICAR OU TRANSFORMAR A INTEGRAL DA DIREITA NAQUELA DA ESQUERDA!!! PELA **SUBSTITUIÇÃO** DE du POR $u'(x)dx$, OBTEMOS UMA INTEGRAL DE APARÊNCIA MUITO MAIS SIMPLES!!!

EXEMPLO 1: ENCONTRE $\int 2t\cos(t)^2 \, dt$

SEJA $u = t^2$, ENTÃO $du = 2t \, dt$, E A INTEGRAL PASSA A SER

$$\int 2t\cos(t)^2 \, dt = \int \cos u \, du$$
$$= \text{sen } u + C$$
$$= \text{sen } (t)^2 + C$$

VOCÊ PODE RECONHECER ESTE MÉTODO COMO UMA FORMA SISTEMÁTICA DE "TENTATIVA E VERIFICAÇÃO", COMO NA PÁGINA 181.

AQUI ESTÁ O PROCEDIMENTO PASSO A PASSO:

1. PROCURE POR UMA FUNÇÃO INTERNA u CUJA DERIVADA u' TAMBÉM APAREÇA COMO FATOR NO INTEGRANDO.

2. ESCREVA $du = u'(t) \, dt$ (OU $u'(x) \, dx$, OU QUALQUER QUE SEJA A VARIÁVEL).

3. EXPRESSE TUDO EM TERMOS DE u.

4. TENTE A INTEGRAÇÃO EM RELAÇÃO A u. SE TIVER SUCESSO, SUBSTITUA u POR $u(t)$ NA RESPOSTA.

EXEMPLO 2. Encontre $\int x^3 \sqrt[3]{x^4 + 9} \, dx$

AQUI $u = x^4 + 9$ APARENTA SER UMA BOA FUNÇÃO INTERNA, POIS SUA DERIVADA É $4x^3$ E VEMOS x^3 COMO UM FATOR NO INTEGRANDO.

$du = 4x^3 dx$, ASSIM $x^3 dx = \frac{1}{4} du$

LOGO

$$\int x^3 \sqrt[3]{x^4 + 9} \, dx = \frac{1}{4} \int u^{1/3} \, du =$$

$$(\tfrac{1}{4})(\tfrac{3}{4}) u^{4/3} + C = \frac{3}{16}(x^4 + 9)^{4/3} + C$$

OH, SIIIMMM...

EXEMPLO 3. Encontre $\int u\sqrt{2u - 3} \, du$

ÀS VEZES, A SUBSTITUIÇÃO APARENTA NÃO SER PROMISSORA, MAS FUNCIONA DE TODO MODO. ESTE INTEGRANDO PARECE NÃO SE ENQUADRAR EM NOSSO MODELO, POIS O FATOR u NÃO É DERIVADA DA FUNÇÃO INTERNA. MAS VAMOS TENTAR DE QUALQUER MODO...

$v = 2u - 3$, $u = \frac{1}{2}(v + 3)$, $du = \frac{1}{2} dv$

AGORA DEVEMOS EXPRESSAR TUDO EM TERMOS DE v:

$$\int u\sqrt{2u - 3} \, du = \int \tfrac{1}{2}(v - 3) v^{1/2} (\tfrac{1}{2}) \, dv =$$

$$\tfrac{1}{4} \int v^{3/2} - 3v^{1/2} \, dv = \tfrac{1}{4}(\tfrac{2}{5}) v^{5/2} - 3(\tfrac{2}{3}) v^{3/2} + C$$

$$= \frac{(2u - 3)^{5/2}}{10} + 2(2u - 3)^{3/2} + C$$

ESTA MESMA SUBSTITUIÇÃO, GERALMENTE, FUNCIONA COM O INTEGRANDO $u^n(au + b)^m$ PARA QUALQUER INTEIRO POSITIVO n E QUALQUER POTÊNCIA m, ALÉM DE QUALQUER a, b, E, PORTANTO, COM $P(u)(au + b)^m$ PARA QUALQUER POLINÔMIO P.

SUBSTITUIÇÃO E INTEGRAIS DEFINIDAS

QUANDO SE USA A SUBSTITUIÇÃO NUMA INTEGRAL DEFINIDA, OS EXTREMOS DE INTEGRAÇÃO DEVEM SER AJUSTADOS PARA REFLETIR A SUBSTITUIÇÃO. SE F FOR UMA PRIMITIVA DE f, ENTÃO

$$\int_a^b f(u(x))u'(x)\,dx = F(u(b)) - F(u(a)) = \int_{u(a)}^{u(b)} f(u)\,du$$

OS EXTREMOS a E b SÃO SUBSTITUÍDOS POR $u(a)$ E $u(b)$ QUANDO SE INTEGRA EM RELAÇÃO A u.

É COMO PODAR UMA ÁRVORE.

EXEMPLO 4. ENCONTRE

$$\int_0^{\pi/4} \frac{\tan^2 x}{\cos^2 x}\,dx$$

LEMBRE QUE

$$\frac{d}{dx}(\tan x) = \frac{1}{\cos^2 x}$$

SEJA $u(x) = \tan x$. ENTÃO $du = \dfrac{dx}{\cos^2 x}$

OS EXTREMOS DE INTEGRAÇÃO EM RELAÇÃO A u SERÃO

$$\tan\left(\tfrac{\pi}{4}\right) = 1 \text{ E } \tan 0 = 0$$

E A INTEGRAL PASSA A SER

$$\int_0^1 u^2\,du = \tfrac{1}{3} u^3 \Big|_0^1 = \frac{1}{3}$$

EXEMPLO 5. ENCONTRE

$$\int_{-\ln 2}^{0} \frac{e^x}{\sqrt{1 - e^{2x}}}\,dx$$

TENTE $u(x) = e^x$. ENTÃO $du = e^x\,dx$

OS NOVOS EXTREMOS SERÃO

$$e^{-\ln 2} = \tfrac{1}{2} \text{ E } e^0 = 1$$

E A INTEGRAL PASSA A SER

$$\int_{1/2}^{1} \frac{du}{\sqrt{1 - u^2}} =$$

$$\text{arcsen } 1 - \text{arcsen}\left(\tfrac{1}{2}\right) =$$

$$\frac{\pi}{2} - \frac{\pi}{6} = \frac{\pi}{3}$$

A PROPÓSITO, VOCÊ NÃO ACHA **IMPRESSIONANTE** O MODO COMO PI APARECE NUMA INTEGRAL QUE ENVOLVE SOMENTE EXPONENCIAIS?

NÃO DE MODO ESPECIAL. VOCÊ PODERIA ME PASSAR A CHAVE INGLESA?

A SUBSTITUIÇÃO DE VARIÁVEL FUNCIONA MAIS OU MENOS COMO UMA **OPERAÇÃO DE MUDANÇA DE FORMA** NAS INTEGRAIS. É INCRÍVEL, REALMENTE... UMA INTEGRAL QUE PARECE TERRÍVEL PODE SE TRANSFORMAR EM ALGO COMPLETAMENTE DIFERENTE E ATÉ MESMO SIMPLES E FAMILIAR!

$$\int \frac{\tan^2 x}{\cos^2 x}\, dx \quad \text{SE TORNA} \quad \int u^2\, du \quad (u = \tan x,\ du = dx/(\cos^2 x)$$

$$\int \frac{2x}{1+x^2}\, dx \quad \text{SE TORNA} \quad \int \frac{dy}{y} \quad (y = 1+x^2,\ dy = 2x\, dx)$$

$$\int x^2 \sqrt{1+x}\, dx \quad \text{SE TORNA} \quad \int t^{5/2} - t^{3/2} + t^{1/2}\, dt \quad (t = 1+x,\ dt = dx)$$

$$\int \frac{e^t}{1+e^{2t}}\, dt \quad \text{SE TORNA} \quad \int \frac{dv}{1+v^2} \quad (v = e^t,\ dv = e^t\, dt)$$

FALANDO DE POTÊNCIA...

ESTA É, DE FATO, A IDEIA PRINCIPAL POR TRÁS DA INTEGRAÇÃO COM SUCESSO: DADA UMA INTEGRAL DESCONHECIDA, DEVE-SE **MANIPULAR A INTEGRAL ATÉ QUE ELA SE PAREÇA COM UMA QUE VOCÊ RECONHEÇA.**

UMM... EU QUERIA SABER O QUE MAIS HÁ NESTA CAIXA DE FERRAMENTAS...

INTEGRAÇÃO POR PARTES

É BASEADA NA REGRA DO PRODUTO PARA A DERIVAÇÃO:

$(uv)' = uv' + vu'$ OU

$d(uv) = udv + vdu$

A INTEGRAÇÃO RESULTA EM

$uv = \int u\,dv + \int v\,du$

QUE ALGUM MECÂNICO DE INTEGRAIS VIU QUE SERIA UMA FÓRMULA MAIS PRODUTIVA SE FOSSE REESCRITA DA SEGUINTE FORMA:

$$\int u\,dv = uv - \int v\,du$$

UMA INTEGRAL...

EM TERMOS DA OUTRA!

EXEMPLO 5. ENCONTRE

$\int 3x^2 \ln x\, dx$

A SUBSTITUIÇÃO NÃO AJUDA MUITO NESTE CASO... MAS VEMOS UMA CANDIDATA PARA dv:

$3x^2\,dx = d(x^3)$

ASSIM, TENTAMOS

$v(x) = x^3,\ \ dv = 3x^2\,dx$

$u(x) = \ln x,\ \ du = \frac{1}{x}\,dx$

ASSIM

$\int 3x^2 \ln x\,dx = uv - \int v\,du$

$= x^3 \ln x - \int (x^3)(\frac{1}{x})\,dx$

$= x^3 \ln x - \int x^2\,dx$

$= x^3 \ln x - \frac{1}{3}x^3 + C$

PODEMOS VERIFICAR A RESPOSTA DERIVANDO:

$\frac{d}{dx}(x^3 \ln x - \frac{1}{3}x^3) =$

$3x^2 \ln x + \frac{x^3}{x} - x^2 =$

$3x^2 \ln x + x^2 - x^2 =$

$3x^2 \ln x$

ESTE É O INTEGRANDO ORIGINAL..

MAL POSSO ESPERAR PARA TESTAR ESTA TÉCNICA...

EXEMPLO 6. ENCONTRE $\int \ln x \, dx$

VOCÊ PODE SE PERGUNTAR ONDE ESTÁ v, MAS, DE FATO, ESTA SE PARECE DEMAIS COM O EXEMPLO ANTERIOR. BASTA FAZER $dv = dx$!

$$u = \ln x, \quad du = \frac{1}{x}, \quad v = x$$

E

$$\int \ln x \, dx = x \ln x - \int x \left(\frac{1}{x}\right) dx =$$

$$x \ln x - \int dx = x\ln x - x + C$$

EXEMPLO 7. ENCONTRE $\int x \cos x \, dx$

AQUI TEMOS UMA ESCOLHA PARA dv: OU $\cos x \, dx = d(\sen x)$ OU $x \, dx = d(\frac{1}{2}x^2)$.

VOCÊ PRECISA SE CONVENCER DE QUE A ÚLTIMA OPÇÃO SÓ TORNA AS COISAS PIORES... ASSIM, IREMOS COM A PRIMEIRA OPÇÃO:

$$u = x, \quad du = dx, \quad dv = d(\sen x), \quad v = \sen x, \text{ E ENTÃO}$$

$$\int x \cos x \, dx = x \sen x - \int \sen x \, dx = x \sen x + \cos x + C$$

EXEMPLO 8. ENCONTRE $\int x^2 \sen x \, dx$

PROCEDA COMO NO EXEMPLO 7:

$$u = x^2, \quad du = 2x \, dx,$$
$$dv = \sen x \, dx, \quad v = -\cos x$$

$$\int x^2 \sen x \, dx = -x^2 \cos x - \int 2x(-\cos x) \, dx =$$

$$-x^2 \cos x + 2 \int x \cos x \, dx =$$

$$-x^2 \cos x + 2x \sen x + 2\cos x + C$$

210

OS EXEMPLOS 7 E 8 MOSTRAM COMO LIDAR COM ESTAS INTEGRAIS (SENDO n UM INTEIRO POSITIVO):

$$\int x^n \operatorname{sen} x \, dx \quad \text{OU} \quad \int x^n \cos x \, dx$$

NÓS "INICIALIZAMOS" NOSSA ESCALADA: A INTEGRAÇÃO POR PARTES PRODUZ UMA INTEGRAL SEMELHANTE, MAS COM O FATOR x^{n-1} NO LUGAR DE x^n... NOVAMENTE INTEGRAMOS POR PARTES... E ASSIM POR DIANTE, ATÉ QUE O INTEGRANDO SEJA SOMENTE SEN x OU COS x.

NOSSA! REALMENTE FUNCIONA!

VAMOS VERIFICAR A RESPOSTA:

EXEMPLO 9. ENCONTRE $\int \operatorname{sen}^2 x \, dx$

NOSSA ÚNICA ESPERANÇA É TENTARMOS

$u = \operatorname{sen} x, \quad du = \cos x \, dx,$

$dv = \operatorname{sen} x \, dx, \quad v = -\cos x$

NESTE CASO

$$\int \operatorname{sen}^2 x \, dx = -\operatorname{sen} x \cos x + \int \cos^2 x \, dx$$

A SEGUNDA INTEGRAL, COM $\cos^2 x$, PARECE TÃO RUIM QUANTO A PRIMEIRA... MAS $\cos^2 x = 1 - \operatorname{sen}^2 x$... ASSIM, TENTAMOS ENCAIXAR ESTA NA INTEGRAL DO LADO DIREITO E REARRANJAR:

$$2 \int \operatorname{sen}^2 x \, dx = -\operatorname{sen} x \cos x + \int dx$$

$$= -\operatorname{sen} x \cos x + x + C$$

ASSIM,

$$\int \operatorname{sen}^2 x \, dx = \tfrac{1}{2}(-\operatorname{sen} x \cos x + x) + C$$

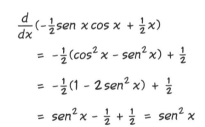

$\frac{d}{dx}(-\tfrac{1}{2}\operatorname{sen} x \cos x + \tfrac{1}{2}x)$

$= -\tfrac{1}{2}(\cos^2 x - \operatorname{sen}^2 x) + \tfrac{1}{2}$

$= -\tfrac{1}{2}(1 - 2\operatorname{sen}^2 x) + \tfrac{1}{2}$

$= \operatorname{sen}^2 x - \tfrac{1}{2} + \tfrac{1}{2} = \operatorname{sen}^2 x$

A MESMA IDENTIDADE TRIGONOMÉTRICA PERMITE QUE INICIEMOS NOSSO CAMINHO A TODAS AS INTEGRAIS NA FORMA

$$\int \operatorname{sen}^m x \cos^n x \, dx.$$

PROBLEMAS

PREPARAR, APONTAR... INTEGRAR!

1. $\int \dfrac{x}{1+x^2}\, dx$

2. $\int x(1+x^2)^{-2}\, dx$

3. $\int \operatorname{sen} t\, e^{n\cos t}\, dt$

4. $\int \tan u\, du$

DICA: EXPRESSE A TANGENTE EM TERMOS DE SENO E COSSENO.

5. $\int x^2(3x-1)^{-1/2}\, dx$

6. $\int \sqrt{1-x^2}\, dx$

DICA: SUBSTITUA $x = \cos\theta$, USE UMA IDENTIDADE TRIGONOMÉTRICA E VEJA O EXEMPLO 9. NÃO ESQUEÇA DE CONVERTER DE VOLTA A RESPOSTA PARA UMA EXPRESSÃO EM x.

7. $\int_0^1 (x^3 + x + 1)(\sqrt{2x+5})\, dx$

8. $\int e^x \operatorname{sen} x\, dx$

9. $\int t e^{-t}\, dt$

10. $\int_1^5 (\ln x)^2\, dx$

11. $\int (\ln x)^3\, dx$

12. $\int_0^x \arctan v\, dv$

AQUI ESTÁ UM GRÁFICO DO LOGARITMO NATURAL, $y = \ln t$. LEMBRE, ESTE TAMBÉM É O GRÁFICO DE $t = e^y$, PORQUE O LOGARITMO E A EXPONENCIAL SÃO FUNÇÕES INVERSAS. ISTO IMPLICA QUE A REGIÃO SOMBREADA TEM ÁREA

$$\int_0^{\ln a} e^y\, dy$$

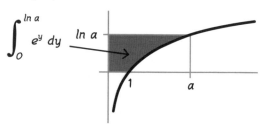

VÊ ISTO? A ÁREA SOB O GRÁFICO DO LOGARITMO É A ÁREA DE UM RETÂNGULO MENOS A ÁREA SOMBREADA... OU:

$$\int_1^a \ln t\, dt = a\ln a - \int_0^{\ln a} e^y\, dy$$

$$= a\ln a - a + 1$$

ISTO ESTÁ DE ACORDO COM O QUE DESCOBRIMOS COM A INTEGRAÇÃO POR PARTES.

13. APLIQUE A MESMA IDEIA PARA

$$\int_0^x \arctan v\, dv$$

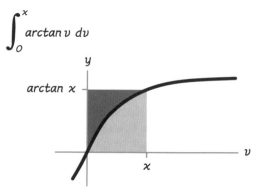

SUA RESPOSTA PODE PARECER DIFERENTE DAQUELA QUE VOCÊ ENCONTROU NO PROBLEMA 12. SE FOR ESTE O CASO, USE ESTE TRIÂNGULO PARA FAZER COM QUE ELA FIQUE DO JEITO CERTO...

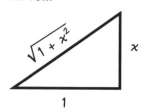

CAPÍTULO 13
USANDO INTEGRAIS

SABIA QUE ESTE NEGÓCIO SERVE REALMENTE PARA ALGUMA COISA?

AS INTEGRAIS ESTÃO POR TODA A PARTE... BASTA VOCÊ TER OLHOS PARA ENCONTRÁ-LAS.

NESTE CAPÍTULO, ENCONTRAREMOS AS INTEGRAIS EM FUNCIONAMENTO NA GEOMETRIA, NA FÍSICA, NA ECONOMIA, NA ESTATÍSTICA, NOS NEGÓCIOS... ESTAS COISAS SE ACUMULAM EM PRATICAMENTE TODO LUGAR.

EU JÁ DISSE QUE AS INTEGRAIS SÃO AS CHAVES QUE ABREM OS SEGREDOS DO UNIVERSO?

ÁREAS E VOLUMES

PODEMOS ENCONTRAR A ÁREA ENTRE DOIS GRÁFICOS INTEGRANDO A **DIFERENÇA** ENTRE DUAS FUNÇÕES.

EXEMPLO: ENCONTRE A ÁREA ENTRE AS DUAS PARÁBOLAS

$$y = f(x) = x^2 + 1 \quad \text{E}$$
$$y = g(x) = -2x^2 + 4.$$

SOLUÇÃO: PRIMEIRO ENCONTRE OS PONTOS EM QUE AS CURVAS SE CRUZAM, OU SEJA, OS VALORES DE x PARA

$$x^2 + 1 = -2x^2 + 4.$$

ISTO IMPLICA

$$3x^2 = 3 \quad \text{OU} \quad x = \pm 1.$$

AGORA INTEGRAMOS $g - f$ DE -1 A 1:

$$\int_{-1}^{1} g(x) - f(x)\, dx = \int_{-1}^{1} -3x^2 + 3\, dx$$

$$= (-x^3 + 3x)\Big|_{-1}^{1} = -1 + 3 - (1 - 3)$$

$$= 4$$

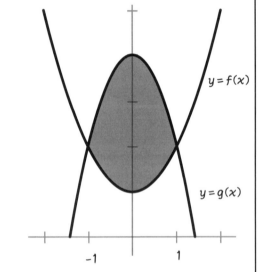

NO MUNDO REAL PODEMOS VER ALGO ASSIM: AQUI ESTÁ A FUNÇÃO VELOCIDADE $v = v(t)$ QUE DESCREVE UM CARRO ACELERANDO DESDE UMA PALAVRA, COMEÇANDO NO MARCO ZERO DE UMA ESTRADA. A ÁREA SOB A CURVA ENTRE O E T,

$$\int_0^T v(t)\, dt$$

É A POSIÇÃO DO CARRO NO INSTANTE T.

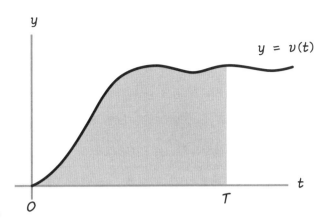

SE UM AUDI (A) E UM BMW (B) SAEM AMBOS, AO MESMO TEMPO, DO MESMO SEMÁFORO, OS GRÁFICOS DAS SUAS VELOCIDADES PODEM PARECER COM ESTES*:

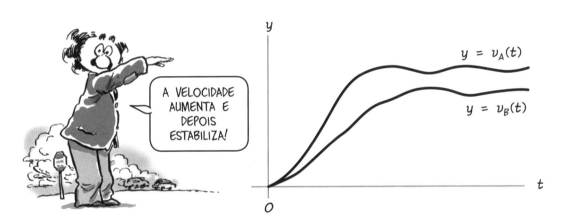

A VELOCIDADE AUMENTA E DEPOIS ESTABILIZA!

ENTÃO, A ÁREA (ASSINALADA) ENTRE OS GRÁFICOS v_A E v_B É **O QUÃO DISTANTE O AUDI ESTÁ ADIANTE DO BMW**. ISTO É

$$\int_0^T v_A(t) - v_B(t)\, dt$$

(QUE PODERIA SER NEGATIVA, CASO O BMW ESTIVESSE NA FRENTE).

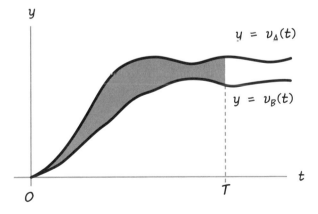

* ISTO ADMITE QUE A BMW PAROU COMPLETAMENTE. EU MESMO NUNCA VI ISTO PESSOALMENTE, MAS CONTINUO TENDO ESPERANÇAS DE QUE POSSA ACONTECER ALGUM DIA.

NUM CASO SIMPLES, A VELOCIDADE DO AUDI PODERIA SER

$v_A(t) = 3t$ M/S PARA OS PRIMEIROS 10 SEGUNDOS

$= 30$ M/S APÓS $t = 10$ SEGUNDOS

E SUPONHA QUE A VELOCIDADE DO BMW SEJA:

$v_B(t) = 5t$ M/S PARA OS PRIMEIROS 4 SEGUNDOS
$= 20$ M/S APÓS $t = 4$

LOGO NO INÍCIO, O BMW É MAIS RÁPIDO QUE O AUDI...

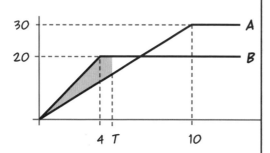

MAS À MEDIDA QUE T AUMENTA, O AUDI AVANÇA. A ÁREA ESCURA NO TOPO EM ALGUM INSTANTE SERÁ MAIOR QUE A ÁREA SOMBREADA EM CINZA CLARO.

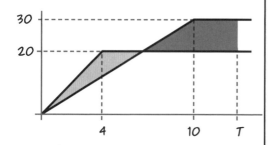

A QUESTÃO É: **QUANDO?**

QUANDO $T \geq 10$ SEGUNDOS, AS POSIÇÕES DOS CARROS SÃO

$$s_A(T) = \int_0^{10} 3t\, dt + 30(T-10)$$

$$s_B(T) = \int_0^4 5t\, dt + 20(T-4)$$

CALCULANDO AS INTEGRAIS VEM:

$$s_A(T) = \frac{3}{2}t^2 \Big|_0^{10} + 30(T-10)$$

$$= 150 + 30T - 300$$

$$= 30T - 150$$

$$s_B(T) = \frac{5}{2}t^2 \Big|_0^4 + 20(T-4)$$

$$= 20T - 40$$

O AUDI ULTRAPASSA O BMW QUANDO SUAS POSIÇÕES FOREM IGUAIS:

$$s_A(T) = s_B(T)$$

$$30T - 150 = 20T - 40$$

$$10T = 110$$

$$T = \mathbf{11} \text{ SEGUNDOS}$$

UMA ÁREA USANDO COORDENADAS POLARES

COORDENADAS POLARES, ESCRITAS (r, θ), SÃO UMA ALTERNATIVA ÀS COORDENADAS COMUNS, "RETANGULARES", x E y. QUALQUER PONTO P NO PLANO É ESPECIFICADO DE MODO ÚNICO POR MEIO DE SUA DISTÂNCIA r DESDE A ORIGEM E PELO ÂNGULO θ ENTRE O EIXO HORIZONTAL E O SEGMENTO OP.

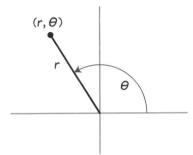

A RELAÇÃO ENTRE COORDENADAS É

$$r^2 = x^2 + y^2 \quad \tan\theta = \frac{y}{x} \quad (0 \leq \theta < 2\pi)$$

PODEMOS USAR A VARIÁVEL r PARA OBTER A **ÁREA DE UM CÍRCULO** POR INTEGRAÇÃO.

DADO UM CÍRCULO DE RAIO R, SUBDIVIDE-SE O RAIO EM VÁRIOS INTERVALOS DE COMPRIMENTO Δr. ESTES DIVIDEM O CÍRCULO EM MUITOS ANÉIS ESTREITOS DE ESPESSURA Δr.

SE r_i FOR O RAIO, ENTÃO O ANEL TEM ÁREA $\approx 2\pi r_i \Delta r$. (IMAGINE QUE O ANEL É UMA FITA QUE VOCÊ PODERIA RETIFICAR E FAZER COM QUE FIQUE NA FORMA DE UM RETÂNGULO LONGO E ESTREITO, COM COMPRIMENTO APROXIMADO DE $2\pi r$ E ALTURA Δr.)

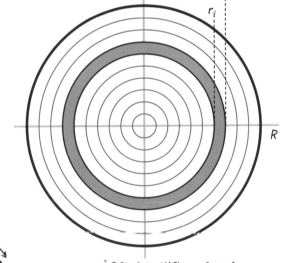

ÁREA DO ANEL $\approx 2\pi r_i \Delta r$

ENTÃO, O CÍRCULO INTEIRO TEM ÁREA APROXIMADA DE

$$\sum 2\pi r_i \Delta r,$$

E, À MEDIDA QUE $\Delta r \to 0$, ESTA PASSA A SER

$$\int_0^R 2\pi r \, dr = \pi r^2 \Big|_0^R = \pi R^2$$

EI! NÃO COMA O EXEMPLO!

A MAIORIA DE NÓS VEM OUVINDO DESDE A ESCOLA PRIMÁRIA QUE A ÁREA DE UM CÍRCULO É πr^2. MAS TIVEMOS DE ESPERAR PELO CÁLCULO PARA PROVAR ISTO! COISAS REDONDAS SÃO MUITO MAIS DIFÍCEIS QUE AS QUADRADAS.

AQUI ESTÃO OUTRAS COISAS REDONDAS QUE AGORA PODEMOS CALCULAR.

VOLUME DE UMA ESFERA:
UMA ESFERA É REDONDA DE TODOS OS MODOS! COMO LIDAMOS COM ISTO?

BEM, A MANEIRA DE CALCULAR A INTEGRAL É DIVIDIR A ESFERA EM FATIAS. VAMOS TENTAR ISTO...

CADA FATIA TEM UMA ARESTA CURVA (DIFÍCIL DE CALCULAR O VOLUME!), ASSIM VAMOS APROXIMAR CADA FATIA POR UM DISCO SIMPLES COM UM LADO RETO.

AGORA SOMAMOS OS VOLUMES DE TODOS OS DISCOS, FAZENDO A ESPESSURA DELES IR PARA ZERO...

DIGAMOS QUE A ESFERA TENHA RAIO R E SEU CENTRO NA ORIGEM. AO LONGO DO EIXO x SUBDIVIDE-SE O INTERVALO $[-R, R]$ PELOS PONTOS $\{x_0, x_1, \ldots, x_i, \ldots, x_n\}$, EM VÁRIOS INTERVALOS CURTOS DE COMPRIMENTO Δx. ENTÃO, UMA SEÇÃO TRANSVERSAL PASSANDO PELO PONTO x^i TEM RAIO $\sqrt{R^2 - x_i^2}$, CONFORME O TEOREMA DE PITÁGORAS.

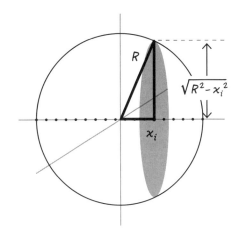

O VOLUME DE UM DISCO É O PRODUTO DE SUA ALTURA PELA ÁREA DA SUA BASE. AQUI A BASE TEM ÁREA

$$\pi(\sqrt{R^2 - x_i^2})^2 = \pi(R^2 - x_i^2)$$

SUA ALTURA É Δx, ASSIM O VOLUME É

BASE·ALTURA $= (\pi R^2 - \pi x^{i2})\Delta x$

SOMANDO OS VOLUMES DE TODOS OS DISCOS OBTÉM-SE

$$\sum_{i=1}^{n} (\pi R^2 - \pi x_i^2)\Delta x$$

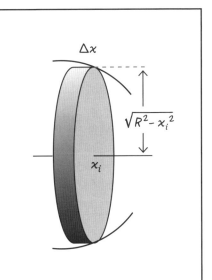

FAZENDO $\Delta x \to 0$ PRODUZ-SE UMA INTEGRAL!

$$V = \int_{-R}^{R} \pi R^2 - \pi x^2 \, dx$$

$$= \pi R^2 x \Big|_{-R}^{R} - \frac{1}{3}\pi x^3 \Big|_{-R}^{R}$$

$$= 2\pi R^3 - \frac{2}{3}\pi R^3 = \frac{4}{3}\pi R^3$$

OUTRA COISA QUE VOCÊ JÁ "SABIA"!

OK, EU ADMITO. É SÓ MAIS UMA COISA QUE OUVI DOS PROFESSORES NA ESCOLA!

O QUE FUNCIONA PARA A ESFERA TAMBÉM SERVE PARA MUITOS OUTROS VOLUMES QUE PODEM SER APROXIMADOS POR PILHAS DE DISCOS, ESPECIALMENTE **SÓLIDOS DE REVOLUÇÃO** QUE SÃO FEITOS PELA ROTAÇÃO DE UMA CURVA AO REDOR DE UM EIXO.

CONE: UM CONE É FEITO PELA ROTAÇÃO DA LINHA $y = ax$ AO REDOR DO EIXO y. SE A ALTURA DO CONE FOR H, ENTÃO, O RAIO DA BASE É H/a. FAZEMOS FATIAS PERPENDICULARES AO EIXO y E INTEGRAMOS EM RELAÇÃO A y. NO PONTO y_i, A SEÇÃO TRANSVERSAL TEM RAIO y_i/a.

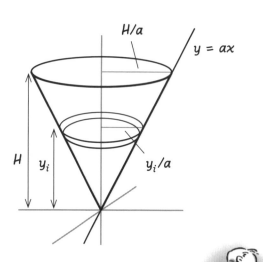

ENTÃO A ÁREA DO CÍRCULO É $\pi (y_i/a)^2$ E UM CILINDRO ESTREITO DE ALTURA dy TEM VOLUME

$$\pi \frac{y_i^2}{a^2} dy$$

INTEGRANDO AS FATIAS, OBTÉM-SE O VOLUME DO CONE:

$$V = \int_0^H \pi \frac{y^2}{a^2} dy = \frac{1}{3} \frac{\pi}{a^2} y^3 \Big|_0^H$$

$$= \frac{1}{3} \pi \frac{H^3}{a^2}$$

OUTRA FÓRMULA QUE EU PENSAVA QUE SABIA...

O RAIO DA BASE DO CONE É H/a, ASSIM SUA ÁREA É $\frac{1}{3}\pi(H/a)^2$. O VOLUME É, PORTANTO, UM TERÇO DA ÁREA DA BASE VEZES A ALTURA.

PARABOLOIDE:

ESTE SÓLIDO É GERADO PELA ROTAÇÃO DA PARÁBOLA $y = ax^2$ AO REDOR DO EIXO y. QUAL O SEU VOLUME ATÉ UMA ALTURA H?

VAMOS ACELERAR NESTE EXEMPLO: UMA SEÇÃO TRANSVERSAL PELO EIXO y TEM RAIO $\sqrt{(y/a)}$ E UMA ÁREA DE $(\pi y/a)$. ASSIM, UMA FATIA FINA DE ESPESSURA Δy TEM VOLUME $(\pi y \Delta y / a)$, E O VOLUME DO PARABOLOIDE É

$$V = \int_0^H \frac{\pi y}{a} dy = \frac{1}{2} \frac{\pi y^2}{a} \Big|_0^H$$

$$= \frac{1}{2} \frac{\pi H^2}{a}$$

VOCÊ É CAPAZ DE MOSTRAR QUE ISTO É METADE DA ÁREA DA BASE VEZES A ALTURA? QUAL É O RAIO DA BASE?

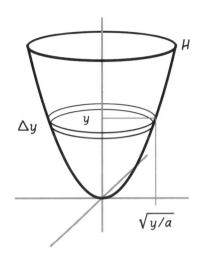

ÀS VEZES É MAIS CONVENIENTE ENCONTRAR OS VOLUMES DESTAS FIGURAS, COM SIMETRIA EM RELAÇÃO A UM EIXO, PELA INTEGRAÇÃO DOS VOLUMES DE CASCAS CILÍNDRICAS FINAS, EM VEZ DE DISCOS. POR EXEMPLO, NO CASO ANTERIOR, PODERÍAMOS TER - MAS, ESPERE... O QUE É ISTO?

BA'BOOF!

A FÁBRICA DE COLA EXPLODIU!!

EXEMPLO

UMA EXPLOSÃO NA FÁBRICA DE COLA ENTERRA O TERRENO VIZINHO SOB UMA CAMADA DE GOSMA VISCOSA AMARELA, EM FORMATO DE UM CALOMBO CIRCULAR SIMÉTRICO. MEDIÇÕES MOSTRAM QUE A PROFUNDIDADE DA COLA DIMINUI COM O AUMENTO DA DISTÂNCIA EM RELAÇÃO AO CENTRO. DE FATO, $D(r)$, A PROFUNDIDADE EM METROS, A UMA DISTÂNCIA DE r QUILÔMETROS, É EXPRESSA PELA SEGUINTE FÓRMULA:

$$D(r) = 2e^{-3r^2} \text{ METROS}$$

QUAL É O VOLUME TOTAL DA COLA EM METROS CÚBICOS, NUM RAIO DE 5 QUILÔMETROS?

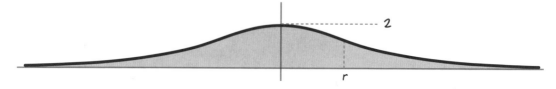

A COLA FORMA UM VOLUME DE REVOLUÇÃO, MAS, EM VEZ DE INTEGRARMOS AO LONGO DE y, DE CIMA PARA BAIXO, VAMOS INTEGRAR **DE DENTRO PARA FORA**, EM RELAÇÃO A r.

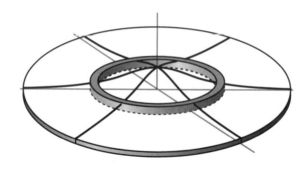

ENTRE DUAS DISTÂNCIAS PRÓXIMAS r E $r + dr$, A PROFUNDIDADE DA COLA É APROXIMADAMENTE CONSTANTE, NOMEADAMENTE, $2e^{-3r^2}$ METROS. ASSIM, UMA ANEL ESTREITO DE COLA ENTRE ESTAS DUAS DISTÂNCIAS TEM O VOLUME APROXIMADO:

$$dV \approx 2\pi r \cdot (2e^{-3r^2}) \cdot 10^6 \, dr \text{ METROS CÚBICOS.}^*$$

NOVAMENTE, IMAGINE ESTE ANEL COMO SENDO UMA TIRA FINA, PARECIDA COM UM PEDAÇO DE FETTUCCINE, QUE PODE SER ENDIREITADA.

O VOLUME ATÉ 5 KM DE DISTÂNCIA ESTÁ NA INTEGRAL:

$$V(5) = 10^6 \int_0^5 4\pi r e^{-3r^2} \, dr$$

$$= (4\pi) 10^6 \int_0^5 r e^{-3r^2} \, dr$$

CALCULAMOS ESTA INTEGRAL COM UMA SUBSTITUIÇÃO IMEDIATA

$u = -3r^2, \quad du = -6r \, dr$

$u(0) = 0, \quad u(5) = -75$

ENTÃO

$$4\pi 10^6 \int_0^5 r e^{-3r^2} \, dr = 4\pi 10^6 \int_0^{-75} -(1/6) e^u \, du$$

$$= -(2/3) 10^6 \pi e^u \Big|_0^{-75}$$

$$= (2/3) 10^6 \pi (e^0 - e^{-75})$$

= APROXIMADAMENTE **2,1 MILHÕES** DE METROS CÚBICOS DE COLA.

CERTO, "EXCALIBUR", AVANTE!

* 10^6 É UM FATOR DE CONVERSÃO, NECESSÁRIO POIS MEDIMOS TANTO r E Δr EM QUILÔMETROS E A PROFUNDIDADE EM METROS. 1 KM = 10^3 METROS.

INTEGRAIS IMPRÓPRIAS

ACABAMOS DE CALCULAR QUANTA COLA CAIU NUM RAIO DE 5 KM DESDE O MARCO ZERO... MAS E SE QUISÉSSEMOS SABER QUAL O VOLUME **TOTAL** DE COLA POR LÁ?

GOSTARÍAMOS DE ESCREVER ISTO NA FORMA DE UMA INTEGRAL COM **LIMITE INFINITO**:

$$10^6 \int_0^\infty 4\pi r e^{-3r^2} dr$$

(IMAGINAMOS QUE ESTA FÁBRICA DE COLA EM PARTICULAR FICA NUM TERRENO PLANO, INFINITO, E NÃO NA SUPERFÍCIE CURVA DA TERRA.)

UMA INTEGRAL QUE ENVOLVE O INFINITO É DENOMINADA INTEGRAL **IMPRÓPRIA**, UM NOME INFELIZ, UMA VEZ QUE É REALMENTE TÃO BOA COMO QUALQUER INTEGRAL.

APÓS A EXPLOSÃO, O VOLUME DA COLA (EM METROS CÚBICOS) NUM RAIO DE R KM ERA

$$V(R) = 10^6 \int_0^R 4\pi r e^{-3r^2} dr$$

$$= -(2/3)\pi 10^6 e^{-3r^2} \Big|_0^R$$

$$= (2/3)\pi 10^6 (1 - e^{-3R^2})$$

À MEDIDA QUE $R \to \infty$, O SEGUNDO TERMO VAI PARA ZERO, ASSIM

$$\lim_{R \to \infty} V(R) = (2/3)\pi 10^6$$

COMO ACABAMOS DE VER, A INTEGRAL DESTE EXEMPLO DA FÁBRICA DE COLA CONVERGE.

$$10^6 \int_0^\infty 4\pi r e^{-3r^2} dr =$$

$$\left(\frac{2}{3}\pi\right) 10^6 \text{ METROS CÚBICOS.}$$

UMA QUANTIDADE FINITA DA GOSMA SE ESPALHA POR UMA REGIÃO INFINITA!

AO MENOS ALGO DE BOM VEIO DESTA TRAGÉDIA HORRÍVEL: MELHOR ENTENDIMENTO...

VAMOS ESPERAR QUE PERMANEÇA...

PODEMOS DIZER QUE UMA INTEGRAL IMPRÓPRIA CONVERGE QUANDO ESTE LIMITE É FINITO:

$$\lim_{x \to \infty} \int_a^x f(t) dt$$

NESTE CASO, DEFINIMOS A INTEGRAL IMPRÓPRIA COMO SENDO ESTE LIMITE:

$$\int_a^\infty f(t) dt = \lim_{x \to \infty} \int_a^x f(t) dt$$

EXEMPLOS: $\int_1^\infty \frac{dt}{t^2}$ PELA DEFINIÇÃO, ESTA INTEGRAL É O LIMITE:

$$\lim_{x \to \infty} \int_1^x \frac{dt}{t^2} = \lim_{x \to \infty} \left(-\frac{1}{t} \Big|_1^x \right) =$$

$$\lim_{x \to \infty} \left(-\frac{1}{x} + 1 \right) = 1$$

POR OUTRO LADO, $\int_1^\infty \frac{dt}{t} = \lim_{x \to \infty} (\ln x - \ln 1) = \lim_{x \to \infty} (\ln x) = \infty$

ESTA INTEGRAL NÃO CONVERGE. A ÁREA TOTAL SOB A CAUDA DO GRÁFICO É INFINITA. ALGUÉM PODERIA DIZER QUE UM GRÁFICO COMO ESTE TEM UMA **CAUDA GORDA**.

NOS DOIS ÚLTIMOS EXEMPLOS, O INFINITO ERA UM LIMITE DE INTEGRAÇÃO. INTEGRAIS IMPRÓPRIAS TAMBÉM INCLUEM AQUELAS CUJO INTEGRANDO "EXPLODE" PARA INFINITO NUM INTERVALO FINITO.

$y = \frac{1}{x}$

POR EXEMPLO, INTEGRAIS COMO ESTA:

$$\int_0^1 \frac{dt}{t^2}$$

O INTEGRANDO NÃO É DEFINIDO NUM DOS EXTREMOS DE INTEGRAÇÃO - MAS ESTE LIMITE PODE EXISTIR:

$$\lim_{x \to 0} \int_x^1 \frac{dt}{t^2}$$

VAMOS DESCOBRIR:

$$\lim_{x \to 0} \int_x^1 \frac{dt}{t^2} = \lim_{x \to 0} \left(-\frac{1}{t} \Big|_0^1 \right) =$$

$$\lim_{x \to 0} \left(-1 + \frac{1}{x} \right) = \infty$$

ESTA INTEGRAL NÃO CONVERGE.

MAS

$$\int_0^1 \frac{dt}{\sqrt{t}} = 2\sqrt{t} \Big|_0^1 = 2$$

ESTA INTEGRAL CONVERGE; A ÁREA ENTRE AS LINHAS $y = 0$ E $y = 1$ É FINITA, EMBORA A FUNÇÃO EXPLODA!

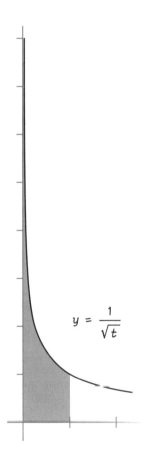

$y = \frac{1}{\sqrt{t}}$

VOCÊ PERCEBE QUE ESTE CASO É COMO O DO PRIMEIRO EXEMPLO, DA PÁGINA ANTERIOR, SÓ QUE VIRADO DE LADO?

DENSIDADE

COMO TODOS SABEMOS, UM TRAVESSEIRO RECHEADO COM PENAS, MESMO QUE SEJA GRANDE, NÃO PESA MUITO.

POR OUTRO LADO, UM METRO CÚBICO DE CHUMBO TEM UMA MASSA DE **11.340 QUILOGRAMAS**, MAIS DO QUE **DEZ TONELADAS** (!)

CHUMBO E PENAS POSSUEM **DENSIDADES** DIFERENTES. UM DADO VOLUME DE CHUMBO TEM UMA MASSA MAIOR QUE O MESMO VOLUME DE PENAS (OU DE ÁGUA, COBRE, MAS NÃO DE OURO! OURO É MAIS DENSO QUE O CHUMBO).

A.C. (ANTES DO CÁLCULO), DEFINIRÍAMOS A DENSIDADE DE UM OBJETO COMO SUA MASSA DIVIDIDA POR SEU VOLUME.

$$\text{DENSIDADE} = \frac{\text{MASSA}}{\text{VOLUME}}$$

MAS AGORA SOMOS MAIS SOFISTICADOS QUE ISTO! AGORA PODEMOS IMAGINAR MATERIAIS COM **DENSIDADE VARIÁVEL**: COISAS NAS QUAIS O MATERIAL É MAIS OU MENOS DENSO DEPENDENDO DE ONDE VOCÊ RECOLHA A AMOSTRA...

A **ATMOSFERA**, POR EXEMPLO... O AR FICA MENOS DENSO À MEDIDA QUE A ALTITUDE AUMENTA... A DENSIDADE AO NÍVEL DO MAR É MUITO MAIOR QUE 5.000 METROS ACIMA.

AQUI ESTÁ UMA COLUNA QUADRADA DE AR COM UM METRO DE LADO.

DENOMINAMOS $M(x)$ A MASSA TOTAL DE AR DESDE O CHÃO ATÉ x. ENTÃO, UMA FATIA DE ESPESSURA dx TEM MASSA dM E VOLUME $(1) \cdot (1) \cdot dx = dx$ M³.

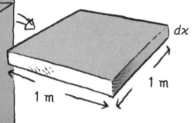

SE ESTA FATIA FOR FINA, O AR NO SEU INTERIOR TEM DENSIDADE UNIFORME, E

$$D(x) = \frac{dM}{dx}$$

ASSIM

$$M = \int D(x)\, dx$$

A MASSA TOTAL É A **INTEGRAL DA DENSIDADE**. ISTO RESULTA DA SOMA DAS MASSAS DE TODAS ESTAS "CAIXAS DE PIZZA" DE AR.

MEDIDAS DE AMOSTRAS DE AR MOSTRAM QUE A DENSIDADE ATMOSFÉRICA $D(x)$ A UMA ALTURA DE x METROS É

$$D(x) = 1{,}28 e^{-0{,}000124x} \text{ KG/M}^3$$

ASSIM, A MASSA TOTAL DE UMA COLUNA QUADRADA COM 1 METRO DE LADO E 10.000 METROS DE ALTURA É

$$M = \int_0^{10.000} 1{,}28\, e^{-0{,}000124x}\, dx =$$

$$(1{,}28)\left(\frac{-1}{0{,}000124}\right) e^{-0{,}000124x} \bigg|_0^{10.000}$$

$$\approx -2.980 + 10.320$$

$$= \mathbf{7.340} \text{ QUILOGRAMAS DE AR}$$

OUTRAS COISAS DENSAS

A MESMA ABORDAGEM FUNCIONA PARA A **DENSIDADE POPULACIONAL**. ELA VARIA DE UM LUGAR A OUTRO.

SUPONHA QUE UMA **RUA MÉDIA** VAI DE UM LADO AO OUTRO DA CIDADE. PODEMOS CONTAR O NÚMERO DE RESIDENTES EM CADA QUARTEIRÃO PARA OBTERMOS A DENSIDADE POPULACIONAL EM TERMOS DE **PESSOAS POR QUARTEIRÃO** POR CAUSA DOS PRÉDIOS ALTOS NO CENTRO E DAS FAVELAS POPULOSAS NAS PERIFERIAS, ESSA DENSIDADE VARIA. (POR SIMPLICIDADE, VAMOS ADMITIR QUE NÃO HAJA RUAS TRANSVERSAIS EM QUE A DENSIDADE SERIA NULA.)

PODEMOS MEDIR A DENSIDADE AO LONGO DE UMA FATIA CURTA DA RUA CALMA... E NUMA MAIS CURTA... E OUTRA MAIS CURTA... ATÉ QUE ESTEJAMOS PENSANDO NA DENSIDADE POPULACIONAL VARIANDO **CONTINUAMENTE** AO LONGO DA RUA.

OLÁ, É MEU VELHO AMIGO HOMEM FATIA! DÊ-ME UM APERTO DE MÃO, AMIGO!

COM O QUÊ?

A FUNÇÃO DENSIDADE POPULACIONAL FUNCIONA DO MESMO MODO QUE A DENSIDADE DE MASSA. SE $P(x)$ FOR O NÚMERO DE PESSOAS VIVENDO ENTRE $-\infty$ E x (OU SEJA, EM QUALQUER LUGAR A OESTE DE x), ENTÃO UMA FATIA NO PONTO x COM ESPESSURA dx CONTÉM dP PESSOAS, E

$$D(x) = \frac{dP}{dx}$$

ASSIM

$$P = \int D(x)\, dx$$

SE a E b FOREM DOIS ENDEREÇOS NA RUA, ENTÃO $\int_a^b D(x)\, dx = P(b) - P(a)$ É O NÚMERO DE PESSOAS VIVENDO ENTRE OS PONTOS a E b.

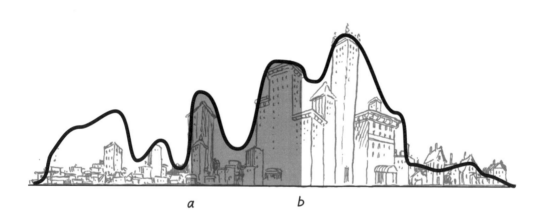

EM PARTICULAR, INTEGRANDO DESDE (ALÉM) UMA EXTREMIDADE ATÉ A OUTRA DA RUA,

$$\int_{-\infty}^{\infty} D(x)\, dx = \text{POPULAÇÃO TOTAL DA RUA CALMA.}$$

SE n PESSOAS VIVEM NUMA PARTE DA RUA CALMA, ENTÃO n/N É A **FRAÇÃO** A QUE CORRESPONDEM, DA POPULAÇÃO TOTAL N. ISTO SIGNIFICA QUE A FUNÇÃO $p(x) = D(x)/N$ TEM ESTAS PROPRIEDADES:

$$\int_{-\infty}^{\infty} p(x)\, dx = 1$$

$$\int_a^b p(x)\, dx = \left\{ \begin{array}{l} \text{FRAÇÃO DA POPULAÇÃO} \\ \text{QUE VIVE ENTRE } a \text{ E } b. \end{array} \right.$$

ESTE ÚLTIMO NÚMERO TAMBÉM É INTERPRETADO COMO SENDO A **PROBABILIDADE** DE QUE UMA PESSOA ESCOLHIDA AO ACASO VIVA ENTRE a E b.

UMA **DENSIDADE DE PROBABILIDADE** (OU **DISTRIBUIÇÃO DE PROBABILIDADE**) É QUALQUER FUNÇÃO NÃO NEGATIVA p COM

$$\int_{-\infty}^{\infty} p(x)\, dx = 1$$

TODA "VARIÁVEL ALEATÓRIA" - ISTO É, UM SISTEMA ALEATÓRIO COM RESULTADOS NUMÉRICOS, TAIS COMO A ESCOLHA CEGA DOS RESIDENTES DA RUA CALMA E POSTERIOR PERGUNTA DO ENDEREÇO - TEM DENSIDADE DE PROBABILIDADE p. TODO O TERRENO DA ESTATÍSTICA É BASEADO EM DENSIDADES DE PROBABILIDADES.

MAIS APLICAÇÕES DE INTEGRAIS

(VERSÃO RAPIDINHA):

NA FÍSICA, QUANDO UMA FORÇA CONSTANTE EMPURRA UM CORPO POR UMA DISTÂNCIA d, O **TRABALHO** FEITO É O PRODUTO

MAS E SE A FORÇA VARIAR COM A POSIÇÃO?

VOCÊ ADIVINHOU: SE $F(x)$ FOR A FORÇA EXERCIDA NUMA POSIÇÃO x, ENTÃO $\int_a^b F(x)\,dx$ É O TRABALHO FEITO ENTRE a E b.

NUM ESPAÇO CURTO dx, A FORÇA É APROXIMADAMENTE CONSTANTE, O TRABALHO NESSE INTERVALO É $F(x)dx$ ETC. ETC. ETC....

FALANDO EM FORÇA, A ÁGUA EXERCE UMA. NUMA DADA PROFUNDIDADE, O PESO DA ÁGUA ACIMA EXERCE UMA FORÇA EM TODAS AS DIREÇÕES... QUANTO MAIS FUNDO VOCÊ VAI, MAIOR A INTENSIDADE COM QUE ESSA FORÇA É EXERCIDA, POR CONTA DO MAIOR PESO ACIMA.

PRESSÃO DA ÁGUA É A **FORÇA POR UNIDADE DE ÁREA**, MEDIDA EM UNIDADES CHAMADAS QUILOPASCAL (KPA). (UM QUILOPASCAL É IGUAL A 1.000 NEWTONS POR METRO QUADRADO). À PROFUNDIDADE x, A PRESSÃO É DADA POR

$$P(x) = 9{,}8x \text{ kPa}$$

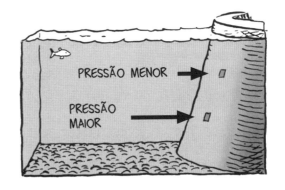

SUPONHA QUE UMA BARRAGEM CONTÉM UMA MASSA DE ÁGUA. A UMA PROFUNDIDADE x QUALQUER, A PRESSÃO É CONSTANTE AO LONGO DE UMA FINA TIRA HORIZONTAL DE ESPESSURA dx. A FORÇA NA FATIA É A PRESSÃO VEZES A ÁREA DA FATIA. ESTA ÁREA É $W(x)dx$, ONDE $W(x)$ É O COMPRIMENTO DA CURVA DA BARRAGEM NAQUELA PROFUNDIDADE. SE $F(x)$ FOR A FORÇA TOTAL DE 0 A x, ENTÃO

$$dF = 9{,}8x\,W(x)\,dx$$

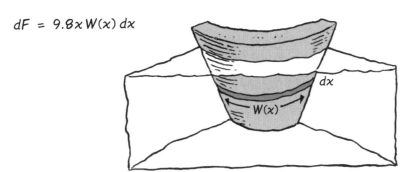

SE A BARRAGEM CONTÉM ÁGUA A UMA PROFUNDIDADE DE D METROS, ENTÃO, A FORÇA TOTAL NA BARRAGEM É

$$\int_0^D 9{,}8\,W(x)\,dx \quad \text{QUILONEWTONS}$$

A INTEGRAÇÃO PERMITE QUE OS ENGENHEIROS AVALIEM AS TENSÕES EM BARRAGENS, PONTES E OUTRAS ESTRUTURAS.

PROBLEMAS

1. NUM PROBLEMA DA PÁGINA 132, DEMOS UMA FÓRMULA PARA O VOLUME DE ÁGUA NUMA TIGELA HEMISFÉRICA. DEDUZA ESSA FÓRMULA. ASSIM... PRIMEIRO, SE A ÁGUA ESTIVER A D UNIDADES DE PROFUNDIDADE, MOSTRE QUE O VOLUME DA TIGELA, **ACIMA** DA ÁGUA, É

$$\int_0^D \pi(R^2 - y^2)\,dy$$

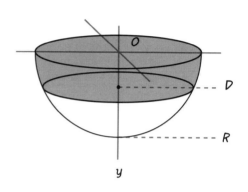

SUBTRAIA ISSO DE $\frac{2}{3}\pi R^3$, O VOLUME DA SEMIESFERA, PARA ENCONTRAR O VOLUME DE ÁGUA.
(A RESPOSTA PODE PARECER DIFERENTE AQUI DO QUE NO PROBLEMA ORIGINAL, POIS O QUE AQUI CHAMAMOS D ERA $R - d$ NA PÁGINA 132.)

2. ENCONTRE $\int_0^1 \ln x\, dx$

DICA: PARA ENCONTRAR $\lim_{x \to 0} x \ln x$, DEIXE $y = 1/x$ E USE A REGRA DE L'HÔSPITAL PARA ENCONTRAR

$$\lim_{y \to \infty} \frac{\ln(1/y)}{y}$$

3. CALCULE O VOLUME DO PARABOLOIDE DA PÁGINA 221 USANDO CILINDROS CONCÊNTRICOS EM VEZ DE DISCOS.

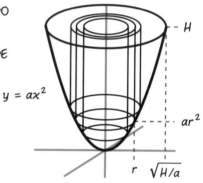

4. FAÇA A ROTAÇÃO DA CURVA $y = 1/x$ AO REDOR DO EIXO x DE MODO A GERAR UMA ESPÉCIE DE "TROMPETE INFINITO". QUAL O SEU VOLUME À DIREITA DE $x = 1$?

5. UM ENGENHEIRO IDIOTA PROJETA UMA BARRAGEM TRAPEZOIDAL PERFEITAMENTE PLANA, VERTICAL (UMA CURVADA É MUITO MAIS RESISTENTE!), COM 300 METROS DE COMPRIMENTO NO TOPO, 200 METROS NA BASE E COM 200 METROS DE ALTURA. SE ELA CONTÉM UMA MASSA DE ÁGUA COM 175 METROS DE PROFUNDIDADE, QUAL É A FORÇA TOTAL DA ÁGUA NA BARRAGEM?

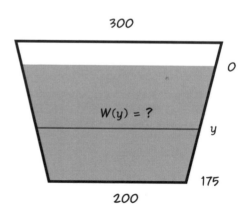

CAPÍTULO 14
O QUE VEM DEPOIS?

LEITOR, ESTE LIVRO ESTÁ APENAS COMEÇANDO... HÁ MUITO MAIS COISAS QUE VOCÊ PODE FAZER COM O CÁLCULO. É UMA FERRAMENTA PODEROSA, USADA EM TODAS AS CIÊNCIAS SOCIAIS, BIOLÓGICAS E FÍSICAS, NA ENGENHARIA, NA ECONOMIA E NA ESTATÍSTICA, ALÉM DE SUAS IDEIAS TEREM SIDO AMPLIADAS POR VÁRIAS GERAÇÕES DE MATEMÁTICOS DESDE NEWTON E LEIBNIZ.

AQUI ESTÃO MAIS ALGUNS TÓPICOS AVANÇADOS QUE VOCÊ PODE ENCONTRAR NO CAMINHO:

EQUAÇÕES DIFERENCIAIS

ALÉM DE DESCOBRIR O CÁLCULO, NEWTON TAMBÉM ESTABELECEU UMA LEI FÍSICA FAMOSA QUE RELACIONA FORÇA E VELOCIDADE:

$$F = \frac{d}{dt}(mv)$$

QUALQUER EQUAÇÃO QUE CONTENHA DERIVADAS, TAL COMO ESTA, É CHAMADA **EQUAÇÃO DIFERENCIAL**.

OUTRA EQUAÇÃO DIFERENCIAL É A LEI DE HOOKE OU EQUAÇÃO DA MOLA. SE UMA MASSA m É DESLOCADA DE x UNIDADES, DESDE A POSIÇÃO NEUTRA DA MOLA, E SOLTA EM SEGUIDA, ENTÃO A QUALQUER TEMPO SUA ACELERAÇÃO É PROPORCIONAL AO SEU DESLOCAMENTO:

$x''(t) = \frac{k}{m}x(t)$ OU, DADA A PRIMEIRA LEI DE NEWTON, $F = kx$

(k É UMA CONSTANTE QUE DEPENDE DA RIGIDEZ DA MOLA.)

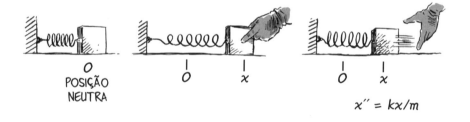

O UNIVERSO É DESCRITO POR EQUAÇÕES DIFERENCIAIS, E RESOLVÊ-LAS É A TAREFA Nº 1 EM CIÊNCIA.

MÚLTIPLAS VARIÁVEIS

ESTE PONTO DESCREVE AS FUNÇÕES QUE VARIAM EM REGIÕES DO ESPAÇO, EM VEZ DE APENAS AO LONGO DO EIXO x. UMA VEZ QUE O ESPAÇO EM QUE VIVEMOS TEM AO MENOS TRÊS DIMENSÕES, ESTE É UM ASSUNTO OBVIAMENTE IMPORTANTE!

SEQUÊNCIAS E SÉRIES

COMO SUA CALCULADORA DE BOLSO CALCULA SENOS E COSSENOS? VOCÊ SE SURPREENDERIA AO SABER QUE

$$\operatorname{sen} x \approx x - \frac{x^3}{6} + \frac{x^5}{120} - \frac{x^7}{5040} + \ldots$$

INTEGRAIS DE LINHA E DE SUPERFÍCIE

ESTAS SÃO MANEIRAS DE INTEGRAR AO LONGO DE CURVAS OU PELAS SUPERFÍCIES, EM VEZ DAS TRADICIONAIS E MONÓTONAS LINHAS RETAS.

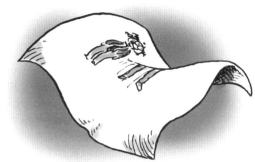

VARIÁVEIS COMPLEXAS

QUANDO FAZEMOS O CÁLCULO COM UM NÚMERO ERRONEAMENTE CHAMADO "IMAGINÁRIO", O $i = \sqrt{-1}$, COISAS ESPETACULARES ACONTECEM!

AS VARIÁVEIS COMPLEXAS NÃO SÓ DESCREVEM, DO "JEITO CERTO", ELETRICIDADE, MECÂNICA QUÂNTICA E OUTROS RAMOS DA FÍSICA, MAS ELAS REVELAM RELAÇÕES MATEMÁTICAS PROFUNDAS, TAIS COMO ESTA EQUAÇÃO ESPANTOSA:

POSSIVELMENTE A COISA MAIS IMPORTANTE A RESPEITO DO CÁLCULO AVANÇADO É QUE TUDO NELE AINDA DEPENDE DE DUAS IDEIAS BÁSICAS, A DERIVADA E A INTEGRAL, INVENTADAS POR DOIS CARAS HÁ MAIS DE 300 ANOS. UM BRINDE A ELES!

ÍNDICE

A

Aceleração 144-45, 215
  na Lei de Hooke, 238
Acelerômetros, 145
Adição, 28, 169-71, 175
  derivadas e 92, 171
Água
  pressão de, 235
  volume de, 129
Altitude, 21, 95, 229
Ângulo, comparação com seu seno, 76-77
Antiderivativas (integrais indefinidas (primitivas)), 175, 177-84, 193, 195
    Fundamental, Teorema de Cálculo, 193, 195-202
      Cálculos e, 117, 195-202
    problemas para resolver, 184
Arco seno, 57, 107, 114
Arco tangente, 58, 107, 114
Áreas, 173-74, 185-86, 195, 197, 214-16
  coordenadas polares, 217-18
  de um círculo, 217-18
Atmosfera, 21, 229-31
Avião, exemplos, 125-26, 130
Azeite, exemplo do, 140-41

B

Balão, volume de um, 21-22

C

Cama elástica, exemplos, 93, 137-39
Carro, exemplos de, 13-15, 63, 85-86, 90, 136, 145, 172-75, 215-16
Círculo, área do, 217-18
Circulares (trigonométricas), funções, 43-45
  derivadas de, 114-5
  inversas, 57-59
  limites e, 66
Coeficientes, 32
Cola, exemplo da fábrica de, 221-25
Complexas, variáveis, 239
Composição de funções, 46-47
Cone, volume do, 220
Constantes, 31, 92, 167, 177-79, 193
Coordenadas
  polares, 217-18
  retangulares, 207
Cosseno, 43-45, 57, 239
  derivadas e, 98-100
  limites e, 82
Crescentes, funções, 51-53
Custo de vida, 95

D

Decaimento radioativo, 42
Delta, 71
Densidade, 228-29
  da atmosfera, 229-30
  populacional, 231-33
  probabilidade, 233
Derivadas, 85-108, 161, 169, 171
  aproximações e, 156, 161
  constantes e, 92, 167
  cosseno, 99
  diferenciação implícita e, 127, 131, 148
  definição de, 89
  em exemplos de altitude, 93
  em exemplos de avião, 125-27, 130
  em exemplos de carros, 85-86, 90
  em exemplos de fluxo, 95
  exemplo da cama elástica, 93
  exemplo de custo de vida, 95
  exemplo da mancha de óleo, 128
  exemplo de foguete, 89-90
  exemplo do volume d'água, 129
  exponenciais, 100, 115
  equações diferenciais, 238
  fator de escala e, 118, 122-23
  fatos a respeito, 92, 102, 105
  funções potência, 115
  funções inversas, 112-15, 122
  funções trigonométricas, 114-15
  linhas e, 153-62
  notação de, 96-97
  otimização e, 133-52, 161
    em exemplo da cama elástica, 137-39
    em exemplo da ovelha, 147
    em exemplo da tubulação, 148-49
    em exemplo do azeite, 140-41
    problemas para resolver, 152
  potências negativas e, 106
  primitivas (integrais indefinidas), 175, 177-84, 193, 195
    problemas para resolver, 184
    Teorema Fundamental do Cálculo e, 193, 195-202
  problema da inclinação da estrada, 95
  problemas para resolver, 108, 124, 132, 152, 162, 184
  produtos, 202-04
  quocientes e, 205-06
  Regra da cadeia, 109-26, 182, 204
    em cadeias com mais de duas funções, 117
    exemplos de, 116
    passos, 110
    problemas para resolver, 124
  Regra de L'Hôspital, 158-61
  Regra de potência e, 91, 115
  seno, 98-99
  somas e, 92, 171
  tangente, 106
  taxas relacionadas e, 125-32, 161
    problemas para resolver, 132

Teorema do valor médio e, 167, 178
Teorema Fundamental do Cálculo e, 193, 195-202
Teste da segunda derivada, 143, 146, 149-51
variações na, 143
velocidade, 85-87, 89-90, 93, 95
Diferenciação, 91, 144, 164, 174, *ver também*
Derivadas
implícita, 127, 131, 148
reversa, 175, 177
Distância, Trabalho e, 234
Divisão
de funções, 28
por zero, 28
Domínios, 23-24
restrição de, 56

E

Eixo, 16
Epsilon, 65, 68, 71
Equação de mola, 236
Equação Fundamental do Cálculo, 121, 153-54
Equações diferenciais, 238
Escala, fator de, 118, 122-23
Esfera, volume da, 21-22, 218-20
Estatística, 233
Estrada, inclinação, 95
Exponencial, 37-42, 52-53, 55
derivadas de, 100, 115
exemplo de decaimento radioativo, 42
exemplo de juros compostos, 38-40, 42, 100-01
limites e, 66
Extremos, locais, 135, 151

F

Fluxo, taxa de, 95
Fluxões, 16, 94
Foguete, velocidade, 89-90
Força, 145, 234-35, 238
Fórmulas, 22
Funções, 19-60
adição, 28
cadeias de, 47
circulares (trigonométricas), 43-45, 66
derivadas, 114-15
inversas, 57-59
limites e, 66
comparação de, 158-61
composição de, 46-47
composta, 107, 110
constante, 31, 167
contínuas, 164-65, 167, 188, 190-91
crescentes, 51-53, 167
decrescentes, 51-53
definição de, 19-20
designando letras, 22
derivadas, *ver também Derivadas*

diferenciação de, 91, 144, 164, 174
implícitas, 127, 131, 148
reversa, 175, 177
divisão, 28
domínios de, 23-24
de, restrição, 56
elementares, 29-59, 117, 144
limites, 66
exemplo da altitude, 21
exemplo do volume do balão, 21-22
exponencial, 47-52, 62-63, 65, 76
derivadas de, 100, 115
exemplo de juros compostos, 38-40, 42, 100-01
exemplo do decaimento radioativo, 42
limites, 66
externas, 46
gráficos de, 26-27
de, inversas, 54-56
injetora, 50-52, 56
integração de, *ver Integração*
internas, 46
intervalos curtos, 121
inversas, 48-50, 52, 66, 107
circulares, 57-59
derivadas de, 112-15, 122
limites e, 66
maximização e minimização, 134-35, 139, 142-43, 150-51, 163, 165
módulo, 30, 157
multiplicação, 28
polinômios, 32
derivadas, 115
razões de, 34-36
potências, 31, 150
derivadas, 33, 47
fracionárias, 33, 47
inclinação do gráfico, 88
limites e, 66
negativas, 33
derivadas e, 106
polinômios e, 32
problema para resolver, 60, 168
racionais, 34-36
Teorema de Rolle, 165-66
teorema do valor extremo, 165
teorema do valor médio, 163-68, 178
valores aproximados de, 156, 161

G

Garfield, James, 131
Gauss, Carl Friedrich, 187
Gráficos, 26-27
de inversas, 54-56
encontrando a área entre dois, 214-16
Graus, Polinômios, 32, 80

H
Hooke, Lei de, 238

I
Implícita, diferenciação, 127, 131, 148
Impróprias, Integrais, 224-27
Inclinação, Estrada, 95
Indefinidas, integrais (antiderivativas), 175, 177-84, 193, 195
    problemas para resolver, 184
    Teorema Fundamental do Cálculo, 193, 195-202
Índice, sequências, 170
Infinito, 32, 129, 160, 163, 226-27
    intervalos e, 24
    limites e, 78-79, 224
    polinômios e, 80-83
Inflação, 95
Inflexão, Ponto de, 146
Integração, 169-76, 180-81, *ver também Integrais*
    exemplo do limpador de para-brisa, 191
    por partes, 209-11
    problemas para resolver, 176, 212, 236
    substituição de variáveis na, 204-06
        integral definida e, 207-08
Integrais, 203-212, 213-36, *ver também Integração*
    áreas e, 214-16
        coordenadas polares, 217-218
    definidas, 185-94
        problemas para resolver, 194
        substituição e, 207-208
    densidade, 228-29
        atmosfera, 229-30
        populacional, 231-33
        probabilidade, 233
    exemplo da fábrica de cola, 221-25
    impróprias, 224-27
    indefinidas (antiderivativas), 175, 177-84, 193, 195
        problemas para resolver, 184
    linha e superfície, 239
    pressão de água e, 235
    Teorema fundamental do Cálculo e, 193, 195-202
    Trabalho e, 234
    volume
        de um cone, 220
        de um paraboloide, 221
        de uma esfera, 218-20
Integrando, 178, 181-82, 227
Intervalos, 24
    muito curtos, 121
Inversas, 38-40, 42, 97
    circulares, 57-59
    derivadas de, 112-15, 122
    gráficos de, 54-56
    limites e, 66

J
Juros compostos, 38-40, 42, 100-01

L
L'Hôspital, Regra de, 158-61
Leibniz, Gottfried, 11-12, 15-18, 62, 94, 103, 161, 169, 171, 193, 199, 240
    notação, 96-97, 204
Lemas (teoremas preliminares), 72-73, 75
Limites, 61-84
    ausência de, 82
    cosseno e, 82
    definição de, 68, 70-71, 74
    fatos sobre, 67, 74
        prova, 71-75
    Infinito e, 78-79, 224
    positivo e negativo, 74
    problemas para resolver, 84
    Seno e, 82
    Teorema do Sanduíche, 75-77
    teoremas preliminares (Lemas), 72-73, 75
    versão algébrica, 75
    versão intervalo, 70
Limpador de para-brisa, 191
Linha, integral de, 239
Linhas, 153-62
Locais,
    máximos e mínimos, 135, 139, 142-43, 150
    pontos extremos (locais ótimos), 135, 151
Logaritmos, 52-53, 55, 107, 114, 115

M
Massa, 145
    densidade e, 228, 230
    Lei de Hooke, 238
Máximos e mínimos, 134-35, 163, 165
    globais, 151
    locais, 135, 139, 142-43, 150
Medidor de velocidade escalar, 11-12, 15
Módulo, 20, 147
Mola, equação, 228
Movimento, 10-11
    derivada de função e, 94
Múltiplas variáveis, 239
Multiplicação, 28, 169

N
Negativas, potências, 33
Negativo, número, 23
Newton, Isaac, 11-12, 15-18, 62, 93-94, 137-39, 145, 161, 169, 171, 193, 204, 238, 240
Números, Linhas de, 20, 25

O
Óleo, exemplo da mancha, 128
Otimização, 133-52, 161

exemplo da tubulação, 148-49
exemplo do azeite, 140-41
problema das ovelhas, 147
problemas para resolver, 152
Ovelha,
exemplo, 147

P
Parábolas, 214, 221
Paraboloide, 221
Pequenez, 119-21
Pi, 207
Pitágoras, 44, 131
Polares, coordenadas, 217-18
Polinômios, 32
   coeficientes, 32
   derivadas, 115
   graus, 32, 80
   infinito, 80-83
   razões de, 34-36
   Teorema do Crescimento, 80
População, Densidade, 231-33
Posição, 13-14, 17, 21, 95, 144, 195
   encontrando a velocidade, 175-78
Potências, 31, 150
   declividade do gráfico, 88
   derivadas, 106, 115
   fracionárias, 33, 47
   limites e, 66
   negativas, 33
      limites e, 106
   polinômios e, 32
Pressão, gradiente, 95
Primitivas
   antiderivativas (integrais indefinidas) 175, 177-84, 193, 195
   problemas para resolver, 184
   Teorema Fundamental do Cálculo, 193, 195-202
Probabilidade, densidade (distribuição de probabilidade), 233
Produção econômica, 151
Produtos, derivadas de, 102-04

Q
Quocientes, derivadas e, 105-06

R
Racionais, funções, 34-36
Radianos, 43-44, 76-77
Raiz quadrada, 23, 115
Regra da Cadeia, 109-24, 125-26, 182, 204
   diferenciação de cadeias com mais de duas funções, 117
   em derivadas de função inversa, 112-15
   exemplos de derivadas encontradas com, 116

   passos, 110
   problemas para resolver, 124
Regra da Potência, 91, 115
Retangulares, coordenadas, 217
Riemann, Bernhard, 187
Riemann, Somas de, 187-90, 192
Rolle, Teorema de, 165-66

S
Sanduíche, Teorema do, 75-77
Secante, 43-44
Segunda derivada, teste da, 143, 146, 149-51
Seno, 43-45, 57, 239
   arco seno, 57, 107, 114
   comparação de ângulo com o, 76-77
   derivadas, 98-100
   limites e, 82
Sequências e séries, 170, 239
Sigma, 170
Sinal de Integral, 141, 178, 181
Somatória, 28, 169-71, 175
   derivadas e , 92, 171
Substituição de variáveis, 204-06
   integrais definidas, 207-208
Superfície, integrais de, 239

T
Tangente, 43-44, 155, 161
   arco tangente, 58, 107, 114
   derivadas e, 106
Taxas relacionadas, 115-22, 151
   problemas para resolver, 132
Taylor, Polinômio de, 162
Tempo, 9, 11, 13-15, 62, 95
Tentativa e Verificação, método, 181, 205
Teorema de Pitágoras, 131
Teorema do Valor Extremo, 165
Teorema do Valor Médio, 161
Teorema Fundamental do Cálculo, 193, 195-202, 204
   problemas para resolver, 202
   Versão 1, 195-97
      Prova do, 200-01
   Versão 2, 198-99
Termos, 170
Trabalho, 234
Trigonométricas (circulares), Funções, 43-45
   derivadas de, 114-15
   inversas, 57-59
   limites e, 66
Tubulação, exemplo, 148-49

V
Variação, 9-18, 144, 161, 199
   derivada de função e, 75-76, 84, 91
Variáveis, 22

aleatórias, 233
complexas, 239
múltiplas, 239
substituição de, 204-06
  integrais definidas, 207-08
Velocidade, 9-18, 62, 136, 138, 195, 215-16
  aceleração e, 144-45
  derivadas e, 85-87, 89-90, 93, 95
  escalar, 9-18
  encontra a posição a partir da, 172-75
  força e, 238

Velocímetros, 12, 14-15, 172-73
Volume, 129
  de um cone, 220
  de um paraboloide, 221
  de uma esfera, 21-22, 218-20
  densidade e, 228

Z
Zeno, 10-11, 18, 94
Zero, divisão por, 28

NÃO PARE!
CONTINUE...

SOBRE O AUTOR

LARRY GONICK É AUTOR DE UMA SÉRIE DE LIVROS QUE USAM QUADRINHOS PARA EXPLICAR ASSUNTOS IMPORTANTES. ELE POSSUI DOIS TÍTULOS ACADÊMICOS EM MATEMÁTICA PELA UNIVERSIDADE DE HARVARD E LECIONOU LÁ ATÉ PEDIR DEMISSÃO EM PROTESTO PELA FALTA DE QUADRINHOS NO CURRÍCULO.

GRÁFICA PAYM
Tel. [11] 4392-3344
paym@graficapaym.com.br